Osprey Aviation Elite

Jagdgeschwader 2 'Richthofen'

John Weal

Osprey Aviation Elite

オスプレイ軍用機シリーズ
28

第2戦闘航空団 リヒトホーフェン

[著者] ジョン・ウィール
[訳者] 手島 尚

大日本絵画

カバー・イラスト/ジム・ローリアー
カラー塗装図/ジョン・ウィール

カバー・イラスト解説
まだ胎生期にあったUSAAF第8航空軍の重爆部隊は、1942年8月17日にB-17 12機による初出撃以来、秋の初めにかけて、英国海峡を越えるだけの短距離作戦で出撃回数と機数を増して行った。10月下旬には、大西洋に面したビスケー湾沿岸の数カ所の軍港に対する爆撃にも手を拡げた。Uボート収容のために建設された巨大で頑丈な掩体構造物(ブンカー)が目標だった。
まだ「マイティー・エイス」といえるまでに育っていない第8航空軍は、11月23日、2週間の内の五度目になる速いピッチの出撃でサン・ナゼール軍港を攻撃した。厚い雲が拡がっていたために大半の機は爆撃をあきらめて引き返し、目標上空に進入したのはB-17F 9機のみだった。この9機は投弾コースに入った時、ドイツ戦闘機隊の恐ろしい新戦術による攻撃を受けた。正面からの反航攻撃である。
このヘッド・オン攻撃の創案者、エーゴン・マイアー大尉(11月の初旬にⅢ./JG2飛行隊長になったばかりだった)はFw190の編隊を率いてB-17の編隊を飛び抜け、比較的経験の浅い重爆の乗員に対して、1航過の攻撃としてはそれまでで最高の戦果をあげた。マイアーの戦果1機を含めて4機撃墜を報告し、損害はフォッケウルフ1機のみだった。
この表紙のために特に委嘱を受けたジム・ローリアーが製作した画面には、マイアーの「白の二重シェヴロン」と後続の列機が、B-17の先頭編隊の3機の間を突破した場面が描かれている。エーゴン・マイアーはその後、USAAFの四発重爆24機を戦果に加え、ドイツ空軍最高の「フィエルモト・エクスペルテ」(四発重爆エース)となったが、1944年11月、P-47との戦闘で戦死した。

カバー裏の写真
4名並んだⅡ./JG2の幹部将校たち。1940年4月、同飛行隊の基地、北海沿岸地域のノイミュンスターで撮影された。後方に写っているBf109E-1「白の1」は、4./JG2中隊長、ハンス・ハーン少尉(左から2人目の人物)の乗機である。

凡例
■ドイツ空軍(Luftwaffe)の部隊組織についての訳語は以下のとおりである。
Luftflotte→航空艦隊
Jafü→戦闘機集団/方面航空部隊
Geschwader→航空団
Gruppe→飛行隊
Staffel→中隊
ドイツ空軍は航空団に機種または任務別の呼称をつけており、Jagdgeschwaderの邦語訳は「戦闘航空団」とした。また、必要に応じて略称を用いた。このほかの航空団、飛行隊についても適宜、邦訳訳を与え、必要に応じて略称を用いた。また、ドイツ空軍では飛行隊番号にはローマ数字、中隊番号にはアラビア数字を用いており、本書もこれにならっている。
例:Jagdgeschwader 2 (JG2と略称)→第2戦闘航空団
　　Ⅰ./JG2→(第2戦闘航空団)第Ⅰ飛行隊
　　1./JG2→(第2戦闘航空団)第1中隊
■訳者注、日本語版編集部注は[ ]内に記した。

翻訳にあたっては「Osprey Aviation Elite Jagdgeschwader 2 'Richthofen'」の2000年に刊行された版を底本としました。[編集部]

目次 contents

6 1章 ドイツ空軍創設、そして兵力拡大
the early years

25 2章 大戦勃発から英国本土航空戦まで
hostilities

72 3章 フランス西部、空の護り
guarding the ramparts

106 4章 後退、そして敗戦
retreat and defeat

121 付録
appendices
121 歴代指揮官
122 騎士十字章などの受勲者
122 JG2の代表的な戦闘序列

50 カラー塗装図
colour plates
124 カラー塗装図 解説

chapter 1
ドイツ空軍創設、そして兵力拡大
the early years

　財団法人ドイツ航空スポーツ協会（デベリッツ市に登記）・ドイツ中部宣伝飛行中隊（レクラメシュタッフェル）という名称は、どの言語で書かれても堂々とした組織であることを感じさせる。しかし、この無害であるように見える長々しい呼称をもった組織は、第二次大戦前のドイツ空軍の戦闘機、駆逐機（長距離重戦闘機）、急降下爆撃機の兵力全体を生み出した母体なのである。それを考えれば、この組織をもっと精細に検証してみることが必要である。

ヴェルサイユ体制下のドイツ軍事航空
　ドイツ第三帝国の航空兵力は、1933年1月30日にヒトラーが首相に就任した瞬間に、不死鳥のように灰の中からよみがえった――これは長い間、世の中で広く信じられていたことだが、それは真実ではない。秘密のヴェールと当局の隠蔽工作にカバーされてはいたが、ドイツの航空兵力はヴァイマール共和国の注意深い保護の下、その時までに10年以上にわたる胎生成長期間を経ていたのである。
　軍事航空活動は第一次世界大戦の間に成熟期へと進んだ。1914年から1918年までのわずか4年の激動の歳月の間に軍用機は、木骨と張線と羽布外皮でできた新兵器で、騎兵隊の乗馬を驚かせて嫌がられるだけのものから、恐怖と破壊を広く振り撒く強力な兵器に発達して行った。そのため、戦いに勝った連合軍諸国は、戦争終結の時点でまだ強い戦力を保っていたドイツの航空部隊を完全に抹殺しようとした。
　戦後のドイツを規制するヴェルサイユ条約――1919年6月28日にヴェルサイユ宮殿の鏡の間で調印された――が敗戦国、ドイツに保有を許した軍事力は、兵力10万名のかたちだけのような陸軍主体の国防軍のみだった。戦争終結当時、ドイツは2万機近くの軍用機を配備していたが、戦後は1機たりとも軍用機を保有することを禁じられた。
　ドイツが服従すべき条件は440カ条、7万5千字のヴェルサイユ条約に示されていたが、その内のたった5つの決定的な条項が、ドイツの軍事航空活動をヨーロッパの地上と空から確実に消し去る力をもっていた。条約の第198条には、ドイツは「地上配備または海軍配備、いずれの航空部隊」も保有することを禁止されると書かれており、第202条には、この戦勝国の要求を確実に遵守させるために、ドイツは保有するすべての軍用機を連合軍に引き渡さなければならないと書かれていた。
　しかし、ヴェルサイユ条約は、ドイツ側の履行状態を監視する職務の人々が想定していたのとは違って、「水も漏らさぬ」というほど緻密にはできていなかった。ドイツ人たちはさまざまな術策によって、連合国の管理委員会の裏をかいて行動した。約1000機が海外に密輸出されたり売却されたといわれ、自

由都市となったダンツィヒ（東プロイセンの首都）に多数の機が登録変えされた。そして、そのような面倒な方法を取らずに、ただ隠匿されてしまった軍用機も多かった。

ドイツ人たちが憎むべき「ヴェルサイユ命令（ディクタ）」によって押しつけられた制約の裏をかこうとしたのは、軍用機の処理についてだけではなかった。条約によって許容された兵力10万名の戦後の国防軍（ライヒスヴェーア）発足の当初から、秘密の措置として、4000名の将校団のメンバー内に第一次大戦中の航空機乗員120名ほどが含まれていた。それ以降、いくつかの外国政府の協力や黙認の下に、秘密裡に行われる乗員訓練は拡大し続け、新型機の開発も行われていた。その中で、最も協力的だったのはソ連であり、1925年にモスクワの南南東385kmのリペーツクの飛行場をドイツに提供した。

その後、8年間に200名ほどのドイツ人のパイロットとその他の乗員がリペーツクで訓練を受けた。ソ連が提供した居住施設はきわめて質素であり、時代離れしていたので、訓練のために送られた者全員がここでの生活を楽しんだとはいえなかった。実際に、6カ月間の訓練のために到着した新入りたちを歓迎する横断幕が張られ、それには「地球のけつっぺたの町にようこそ」という風な文句が書かれていた。しかし、そこからは、あまり多くはないが貴重な幹部のパイロット将校たちが育って行った。その中には第二次大戦中に目覚ましく活躍したファルク、ゲンツェン、リュツォウ、ルーベンステルファー、トラウトロフトなどが並んでいる。この幹部将校たちの力がなければ、1930年代半ばのドイツ空軍の野心的な兵力拡大は不可能だったはずである。

1930年の秋、ドイツ本国自体の中での航空部隊編成の準備が始められた。そして、その年の末には本物の陸軍飛行部隊の最初の3個部隊が実際に編成された（1924年以来、「民間」の組織だという微かなヴェールの下に飛行学校が運営されていたが、それとはまったく異なっていた）。

外国に対する偽装のために宣伝飛行中隊（レクラメシュタッフェル）（企業の宣伝のために曲技飛行デモを行うのが目的であると説明することができるように、十分に考えられたこの名称がつけられた）と呼ばれたこれらの部隊は、ベルリン＝シュターケン、ニュルンベルク近郊のフェルト、東プロイセンのケーニヒスベルクの3カ所に配置された。国防軍の一部として運用され、地上部隊の野戦演習の際には常に、標的曳航、着弾観測、連絡、その他の綜

1934年、ドイツ空軍（当時は秘密裡の存在だった）の最初の戦闘飛行隊（ヤークトグルッペ）、デベリッツ飛行隊の初代指揮官に任命されたロベルト・リッター＝フォン＝グライム少佐（最終階級は元帥）。彼は第一次大戦で25機撃墜の戦果をあげ、殊勲戦功勲章（プール・ル・メリト）を授与された。それ以来、戦間期と第二次大戦の期間を通して、この写真に見られるように、軍服の襟元にこの勲章をつけていた。

デベリッツ飛行隊は最初、アラドAr65単座戦闘機12機を装備した。各機の胴体と翼には民間機と同様なパターンの登録記号が表示されていた。

合的な任務についていた。

　ヴァイマール共和国は秘密裡の航空部隊再建の次の段階として、1933年の初めにイタリア製のフィアットCR.30戦闘機を装備した完全な戦闘航空団（ヤークトゲシュヴァーダー）1個を創設しようと計画した。しかし、この試みが失敗に終わると、航空省は止むを得ず目標を一段低いレベルに下げ、航空団の代わりにその年の秋に1個戦闘飛行隊（ヤークトグルッペ）を編成した。その編成には3つの宣伝飛行中隊を全部集めることになったが、ベルリン＝シュターケン飛行中隊を新たな戦闘飛行隊の編成作業の中核とすることになり、配備基地はベルリンの西60kmのデベリッツ＝エルズグルント飛行場とされた。結局、この飛行隊の正式――とはいってもまだ秘密裡だったのだが――の開設は1934年4月1日まで遅れた。この時期には国家社会主義党（ナチス）が政権を握ってから1年以上経過していた。しかし、この新しい政権の指導者は、それ以前の政府がどのような基礎造りをしていたのかまったく気づいていなかった。そのことはナチ体制の航空担当国家コミッショナーとなったヘルマン・ゲーリングの、就任後間もなくの発言によく現れている。当時、秘密だったレヒリンの航空機テストセンターを初めて見せられたゲーリングは、「諸君がここまでこの分野を発展させていたことを、私はまったく知らなかった。実に素晴らしい」と述べたのである。

新編された戦闘機隊

　1934年4月1日（この日は英国空軍創設16周年でもあった）、ドイツ空軍は秘密の内に国防軍（ヴェーアマハト）（1935年3月にライヒスヴェーアから改称された）の中での独立した組織として認められた。最初の実働可能な飛行隊が編成されただけでなく、全体の指揮組織が一応出来上がった。新設された航空担当国家コミッショナー（航空相）の地位についたヘルマン・ゲーリング――この平和的な感じのある職務の名称とはそぐわないのだが、就任した初めの間、彼は歩兵大将の階級をもっていた――が、指揮組織のトップに立った。

　ゲーリングの航空省の下で、ドイツは6つの航空管理ゾーンに区分され、最初の作戦指揮機構が設置された。後者は第1飛行師団（フリーガーディヴィジオン）と呼ばれ、フーゴー・シュペルレ大佐がその指揮官に任じられた。彼は陸軍飛行部隊司令官（ヘーレスフリーガー）の職についており、その司令部幕僚組織を拡大し、分割して飛行師団に移し、

その後に陸軍部内の元の航空関係の組織を解体した。

　新編の戦闘機部隊は、この章の冒頭に書かれた長々しい名称を早々に廃止したが、内実を隠そうとする意図はそのまま残り、新しい呼称はデベリッツ飛行隊(フリーガーグルッペ)とされた。1936年6月まで続いたこのような地名と結びつける方式の呼称は、各々の飛行隊の特定の任務を表さず、空軍の組織全体の中での位置づけも示していなかった。

　デベリッツ飛行隊の指揮官に選ばれたのは41歳のロベルト・リッター=フォン=グライム少佐だった。彼の軍歴は1911年に士官候補生としてバヴァリア王国陸軍鉄道大隊に入隊した時に始まった。その後、航空隊に移籍され、第一次大戦中には第34戦闘飛行中隊(Jasta34)の指揮官として大活躍した(詳細は「Osprey Aircraft of the Aces 32──Albatros Aces of World War 1」を参照)。大戦終結の時までには、彼は殊勲戦功勲章(ブール・ル・メリト)(通称ブルー・マクス)を授与され、第10戦闘飛行隊(ヤークトグルッペ)の指揮官に昇任していた。

　ここで第三帝国の最初の戦闘飛行隊の指揮官となる名誉を担い、フォン=グライムは部隊の技量を高いレベルに進めるための活動を開始した。その活動で彼は、3名の選り抜きの中隊長(シュタッフェルカピテン)──ヨハン・ライテル、ハンス・フーゴー・ヴィット、ハンス=ユルゲン・フォン=クラモン=タウバデルの3名の中尉──から効果的な協力を得ることができた。

　これらの幹部による部隊練成が始まって間もなく、この飛行隊には2つの任務が新たに追加された。ひとつは、計画されていた2番目の戦闘飛行隊(ヤークトグルッペ)を開隊するために、その基幹要員を任務に就くことができる状態にまで訓練することだった。もうひとつは、同様に計画中の急降下爆撃機(シュトゥーカ)の最初の飛行隊(グルッペ)に配備するパイロット養成のために、この戦術の訓練プログラムを新たに作ることだった。

　デベリッツ飛行隊の発足時の装備はアラドAr 65 12機であり、このような多くの任務に対応するためには、この規模は明らかに不充分だった。このため、1934年末までには配備機数は大幅に増大された。その時期には少なくとも80機のアラドが就役しており、それがこの飛行隊と、ミュンヘン近郊のシュライスハイムにある戦闘機学校とに、ほぼ半分ずつ配分されていた。

名誉呼称「リヒトホーフェン」

　1935年2月26日、ヒットラーとゲーリングとフォン=ブロンベルク大将(国防相兼国防軍最高司令官)が、いわゆる「ドイツ帝国空軍政令(ライヒスルフトヴァッフェ)」に署名した。こ

1935年3月14日、デベリッツ飛行隊の戦闘機とその前に整列した隊員を閲兵するヒットラー。一歩後の左右にしたがっているのはゲーリング(右)とフォン=グライム(左)。この日、ヒットラーはこの飛行隊に名誉呼称「リヒトホーフェン」を与えた。この手際の悪いパノラマ風モンタージュ写真の画面左後方には、車両の上に立ってニュース映画を撮影しているカメラマンが見える。

の政令によって、ドイツ空軍＝ルフトヴァッフェ（「帝国」という言葉を加えた呼称の方が正確なのだが、一般の人々に好まれず、公式に使われることはなく、単純に、「空軍」と呼ばれた）が、国防軍の中で陸軍と海軍に続く3番目の、そして完全に独立した組織であるということが公式に布告されたのである。それと同時に、ドイツの軍事航空活動を隠すために過去15年にわたって使われ続け、みすぼらしくなっていた秘密のヴェールが、ここで捨て去られたのである。政治的に微妙な立場から解放されたドイツ空軍はその後、強力なプロパガンダの手段となり、他国を協力関係に誘う場合にも、歴史的に対立関係にある国へ圧力をかける場合にも効果を発揮することになった。

　この政令が発効したのは1935年3月1日である。宣伝飛行中隊発足以来、隊員が着用していたDLV（ドイツ航空スポーツ協会）のユニフォームと記章はこの日に廃止され、ドイツ空軍のまったく新しい軍服が導入された（開いた襟とネクタイのスマートなこの軍服は、頑固な保守主義の連中から「ウィークエンドの軍人」という軽蔑的なニックネームをつけられた）。

　それからちょうど2週間後の3月14日、デベリッツ飛行隊の隊員はカギ十字の波が拡がる式典で、感動し切ったヒットラーの前を整然と分列行進した。隊員たちに伝統重視の気持を植えつけ、歴史的な栄光と自分たちの結びつきを意識させるために、新生ドイツ空軍の最初の戦闘飛行隊は第一次大戦中に最も有名だったドイツの戦闘機パイロットの名を受け継ぐことになった。この日、ヒットラーは、この部隊は今後、名誉呼称「リヒトホーフェン」を冠するものとすると宣言した。

「この部隊『リヒトホーフェン』戦闘航空団は、名誉と伝統の高い理想を引き継ぐことをここに誓った。余はこの部隊が精神と実力の両面で永遠にこの神聖な義務を十分に果たすことを信じ、この名誉呼称授与を布告する」

　その後、数週間にわたってゲーリングと空軍の高級将校は、一連の記者会見を催した。デベリッツ飛行隊は勤勉にリハーサルを重ねた上で何度もデモ飛行を行った。3月19日、彼らはベルリンの中心部の上空を編隊で飛び、4月10日にはゲーリングと映画女優エミー・ゾンネマンの結婚式のパレードでふたたび編隊飛行を演じた。ベルリンに駐在していた世界中の新聞記者は空軍首脳部の話を聞き、編隊飛行を見る機会が十分にあった。そして、そこで誤った見

2番目に創設された戦闘飛行隊、ダム飛行隊の初代指揮官、ヨハン・ライテル少佐。

ハインケルHe51の先行生産型の3機編隊。「リヒトホーフェン」飛行隊のHe51も初期にはこの3機と同様に、民間機と類似した「D」(ドイツ国籍機を示している)コードで始まる登録記号を機体に表示し、1935年の秋までは以前のドイツ帝国の赤/白/黒の3色のストライプを垂直尾翼と方向舵の右側に塗装していた。

方をする者もあり、ドイツ空軍の突然の登場と整った態勢についてさまざまに報道し、航空に関心をもつ各国の読者たちの考えを混乱させた。

しかし、ジャーナリストたちの目からひとつの事実が注意深く隠されていた。さまざまなかたちで宣伝されている第三帝国の軍備の中で、デベリッツ飛行隊が唯一の戦闘機部隊であることは秘密にされていたのである。

だまされたのはジャーナリストたちだけではなかった。ベルリンを公式訪問した英国の外相、ジョン・サイモン卿からドイツ空軍の現在の兵力はどれほどかと質問を受けたヒトラーは、きわめて穏やかに「貴国と同じレベルに達しております」と答えたのである。

しかし、その頃にはすでに、実際の状況に対処する動きが始まっていた。ドイツ空軍は量的な拡大を目指す一連の野心的な計画の第一歩を踏み出していたのである。4月の末に至る前に、デベリッツ飛行隊の幹部の構成に目立った変化が現れた。

リッター=フォン=グライムが戦闘機・急降下爆撃機隊査察総監に任命され、クルト・フォン=デリング少佐が後任となった。少佐は1917年6月頃、フォン=リヒトホーフェンが率いる第1戦闘航空団の飛行中隊長(ヤークトゲシュヴァーダー シュタッフェルカピテン)のひとりとして戦った人である。フォン=デリングは飛行隊長就任の直後に、経験の深い第1中隊長、ヨハン・ライテルを指揮下から失った。ライテルは少佐に進級し、長く待望されていた2番目の戦闘飛行隊を編成するためにユーターボグ=ダムに移動して行ったのである。

新編の飛行隊で指揮下に入った3名の中隊長(シュタッフェルカピテン)の内のふたりは、第一次大戦当時の戦闘機パイロットだった。第1中隊長、カール=アウグスト・フォン=シェネベック少佐は1914〜18年の大戦で連合軍機を8機撃墜した。第2中隊長となったテオ・オスターカンプ少佐は前大戦中の海軍航空隊のエースであり、32機撃墜を記録していた。フォン=グライムが空軍幕僚職に転出した後、オスターカンプは誰もが憧れの目で見る前大戦の「プール・ル・メリット」受勲者

の中でただひとりの現役パイロットとして残った。ライテルの下で第3中隊長となったのはフォン=コルマツキ大尉である。彼は第一次大戦派のふたりの中隊長よりは若く、デベリッツ飛行隊でフォン=グライムの副官の職についていた。

　この時期の政策にしたがって、ライテルの部隊はダム飛行隊(フリーガーグルッペ)という呼称を与えられた。(ユーターボグ飛行隊という呼称は、すでにこの飛行場の補給デポに与えられていた)。この飛行隊も名誉呼称「リヒトホーフェン」を名乗ることを許され、2つの「リヒトホーフェン」飛行隊の間では愉快だが激しい競争が始まった。しかし、デベリッツ飛行隊の立場、誰もが認めるドイツ空軍の対外的な見本のような地位は変わらなかった。この基地の士官食堂──カジノともよばれた──の壁にはあたりを圧するフォン=リヒトホーフェンの等身大の肖像の油絵が飾られ、ここで多くの身分の高い人々やドイツを訪れた外国の高官がもてなしを受けた。

　それに対して、ユーターボグ郊外にあるライテルの部隊の基地はまだ完成しておらず、隊員たちは不便な生活を我慢せねばならなかった。この事情を考えると、彼らが新型機、ハインケルHe51戦闘機の最初の生産型を受領する部隊に選ばれたという発表があった時に、大いに満足感を味わった理由がよく分かる。

ケルンの上空を飛ぶ「リヒトホーフェン」飛行隊のHe51の編隊。密集した3機編隊と、3つの編隊の整然とした位置どりは技量の向上度を示している。画面上方には朝霧の中から姿を現し始めた寺院の2本のゴシック風尖塔とライン河が見える。

　1935年の夏の内に、2つの飛行隊はいずれも全面的にハインケルに装備転換した。両部隊はたがいに強い対抗意識をもった。ある時、ライテルの部隊のパイロットたちは鎧一式を身につけてデベリッツまで飛び、相手の隊の同じ先任順位の者を相手として剣術の試合を挑み、負けた方の隊が相手にビールをおごったという話がある。このような競争心があって、2つの飛行隊は双方とも、すぐにハインケルを十分に乗りこなすようになった。

　しかし、空軍の機構としては、2つの飛行隊の任務の分野は明確に区分されていた。デベリッツは兵器とその他の補助的な装備のテストと、空軍内の地上組織と協同したテスト作業を担当し、ダムは空中戦闘と迎撃戦術の研究を担当していた。後者は計画中の新しい種類の部隊、「重」戦闘機(後の駆逐機(ツェアシュテーラー))部隊の導入に関連する実験も担当していた。

ラインラント進駐

　熱気にあふれた作業が続いた秋から冬にかけての日々の後、1936年に

入ると間もなく、デベリッツ飛行隊は突然に大量のパイロットと機体の配備を受け、それよりは少ないレベルだが、ダム飛行隊も兵力を増強された。政治的危機が始まりかけているのは明らかだった。1930年代後半には国際政治の危機が何回も発生したが、これはその最初のものだった。

2月24日、かなりの規模の分遣隊がデベリッツからドルトムントの東60kmのリップシュタットに送り出され、シュライスハイム戦闘機学校から直接ここに送り込まれた一群のパイロットと合流した。彼らは同校からAr65とHe51に乗って来ており、2つのグループによってリップシュタット飛行隊（フリーガーグルッペ）が編成された。

それから12日後、それまで2週間足らずの内に激しい移動がなぜ行われたか、理由が明らかになった。1936年3月7日、ヒットラーは大胆にもヴェルサイユ条約による約定を無視し、ラインラントの非武装化地域に1個師団を進駐させたのである。

ドイツ空軍の3つだけの戦闘飛行隊（ヤークトグルッペ）はすべて、ヒットラーの武力恫喝政策の最初の実験の先頭に立ち、巨大なブラフ（こけ威し）ゲームで大きな役割を担うことになった。2つの「リヒトホーフェン」飛行隊はデベリッツとユーターボグ＝ダムの飛行場を夜明け前に離陸した。離陸後、パイロットたちが開いた封緘命令には、ライン河の手前のいくつかの前進飛行場へむかうことと、「そこに着陸した後、ただちに給油して出撃し、前進する地上部隊の掩護の位置について敵航空機による偵察・攻撃を阻止する」ことが指示されていた。

デベリッツ飛行隊が担当する地域はラインラント＝パラティナテ地方を南北に横切り、カールスルーエからコブレンツまで拡がっていた。ライテルのダム飛行隊の担当地域はその北側であり、ライン河とモーゼル河の合流点からルール地方（ここはリップシュタット飛行隊が担当した）までとされた。

一時的にヴァール（リップシュタットからあまり遠くない）に基地を移したオスターカンプ少佐の中隊（シュタッフェル）が経験したことは、この時の各飛行隊の行動の典型的なものだった。移動後の3日間、パイロットたちは目が覚めている間中、1分間の余裕もなく飛び続けた。着陸するとすぐに給油が始まり、その間にパイロットたちは食物を頬張って濃いコーヒーと一緒に呑み込み、ふたたび離陸して行った。

皆の前に姿を現すことが最も重要だった。強力であり、広い大空を制圧するドイツ空軍の姿を示すことが任務だった。ある回の出撃では中隊編隊（シュタッフェル）を組んでアーヘンの街並み

最初のいくつかの実戦部隊がドイツ空軍の対外的なショーケースになっている一方、戦前の訓練機関はパイロットの新しい世代を育てるのに大忙しだった。He51練習戦闘機の前に立っているのは教官の少尉（右側）と訓練生。ふたりは飛行後のディブリーフィングに夢中になっている。教官は訓練生の成長に満足しているように見え、その可能性は十分にある。この士官候補生は後にJG2の司令になったエーゴン・マイアーなのだから。シュレスハイムの戦闘機学校での情景である。

新たに実施された「航空団(ゲシュヴァーダー)」体制によってJG132「リヒトホーフェン」に変って間もない時期のHe51。軍用機としての新しいマーキングをはっきり示している。6./JG132所属。手前の機の「エーミールのE」に続く2つの数字、「23」は第II飛行隊第3中隊所属機であることを示している。ユーターボグ=ダム飛行場で離陸前にエンジンをウォームアップしている場面。

の上空を屋根すれすれの高度でパトロール飛行し、次の出撃では小隊編隊(3機編隊)で広い空域に点々と拡がり、ケルンの大聖堂の2本の尖塔の上空を高い高度で飛んだ。しかし、フランスとの国境沿いの地域を飛ぶ時は、彼らは常に中隊の全兵力を誇示するように努めた。

この大規模な「ブラフ」の効果はあがり、オスターカンプは安堵の胸をなでおろした。国境付近も飛んだ彼の中隊に対し、フランスの戦闘機が挑戦して来なかったことも幸いだった。この危険なブラフ・ゲームに動員されたドイツ空軍機の大半と同様に、オスターカンプ指揮下のハインケルは、いずれも機銃弾を搭載していなかったのである。

このヒットラーの最初の武力による威嚇に直面して、フランスと英国はいずれも、即座にそれを抑えようとする行動は取らなかった。これはオスターカンプと彼の部下のパイロットたちにとっては幸いだった。しかし、このような挑発に対し、連合国が何も対応しようとしなかったことが明らかになり、これは欧州の近い将来に暗い影を投げかけた。

ラインラント進駐の行動の成功の結果、3つの戦闘飛行隊(ヤークトグルッペ)(単に「飛行隊(フリーガーグルッペ)」と呼ばれていたのだが)が早急に新編された。3月の終わりより前に、この時はダム飛行隊から一群の将兵が引き抜かれ、ドルトムントを基地と

これも第II飛行隊のHe51。車輪のスパッツを外してあるのは、時には地面の状態が悪くなるユーターボグ飛行場でうまく離着陸するための措置である。オリジナルの写真を細かく見ると、赤く塗ったエンジンカウリングの後部、下の方、脚のフェアリングのすぐ上の部分に白い字で書かれた個々の機の名称が読みとれる。画面左側の第4中隊の機は「Greif」である。遠くにカモフラージュ塗装のJu52/3m爆撃・輸送機が見える。

JG132は一時、短い間、胴体のコードを大きな文字と数字で表記することを試みた。空中でのコード識別を容易にするのが目的だった。このHe51はその時期に撮影された第1中隊の「21+G11」である。この写真はモノクロ写真の落し穴を示している。一目見ると全体にグレー塗装であるように見えるのだが、実はこの機の塗装は左頁の機と同じであり、垂直尾翼／方向舵のカギ十字は幅広い赤帯の中の白丸の中に描かれており、エンジンカウリングとスピナーの全体は輝くような「リヒトホーフェン」の赤で塗装されているのである。

する戦闘飛行隊が新設された。そして、1936年4月1日には、2つの「リヒトホーフェン」飛行隊――デベリッツとダム――から各々1個中隊が割かれ、それを中核としてバーンブルクとヴァールに2つの飛行隊が新たに編成された。

　こうして、短かくはあるが波乱が多かった5週間の内に、2つの「リヒトホーフェン」飛行隊は4つのまったく新しい戦闘飛行隊を生み出したのである。こうしてドイツ空軍の戦闘機兵力は3倍になり、ここで新たな指揮機構である戦闘航空団本部（ヤークトゲシュヴァーダーシュタプ）が2つ設けられることになった。

　きわめて自然な成り行きだったが、新設された2つの「本部」の指揮官、まだ胎生期を脱していない戦闘機隊の中で設けられた航空団司令（ゲシュヴァーダーコモドーレ）の職に選ばれたのは、この時期で最も経験の深い部隊指揮官、デベリッツとダムの飛行隊長（コマンドゥール）だった。1936年4月1日、フォン＝デリングはデベリッツと「リヒトホーフェン」一族を離れ、ドルトムントに新設された「ホルスト・ヴェッセル」戦闘航空団（ヤークトゲシュヴァーダー）（後にZG26となる）の司令の職に移動した。ライテル少佐はもっと距離の近いユーターボグ＝ダムからデベリッツの間を移動し、「リヒトホーフェン」戦闘航空団の司令の職についた。

　その移動で空席となった2つの飛行隊長（グルッペンコマンドゥール）のポストは、すぐに埋められた。ダム飛行隊で部隊新設以来、ライエルの指揮下に置かれた中隊長のひとり、カール＝アウグスト・フォン＝シェネベック少佐がライテルの後任になり、デベリッツ飛行隊のフォン＝デリングの後任には、カール・フェイック少佐がシュライスハイム戦闘機学校のコース指揮教官の職から転任して来た。

第132戦闘航空団

　この指揮官層の移動からちょうど2カ月後、1936年6月1日、ドイツ空軍はついに部隊組織の任務を隠すためのヴェールの最後の1枚を取り除いた。それ

初代司令のライテル少佐が2カ月ほどで転出した後、ゲルト・フォン=マッソウ中佐（後に大佐）がJG132司令に任命され、この航空団を4年近く指揮することになった。

まで、部隊の任務が何であっても、「飛行隊(フリーガーグルッペ)」という部隊単位と所在地名を組み合わせた呼称を一律につけていたが、この方式を廃止したのである。この時までにドイツ空軍の兵力はすべての機種の部隊の合計で、23個飛行隊に達していた。そして、その後の基本的な部隊単位は「航空団(ゲシュヴァーダー)」とされた。

各々の航空団には特定の方式によって組み合わされた3桁数字の部隊番号が与えられることになった。3桁数字の意味は次の通りである。(a)最初の数字は各々の任務（戦闘機、爆撃機など）分野の中での編成時期の順位、(b) 2番目の数字は航空団の任務分野自体、(c) 3番目の数字は航空団の所在地の地区を示していた。

この新しいシステムの下で、「リヒトホーフェン」戦闘航空団はJG132という呼称を与えられた。この仕組みを知っている人には、これが戦闘機隊の中で最初に編成された航空団であり、所在地はベルリン地区だということが分かる。「1」はこの任務分野の中で最初に編成されたことを示し、「3」は戦闘機のコードであり、「2」はベルリン地区を担当する第Ⅱ航空指揮地区(ルフトクライスコマンド)所属であるという意味である。

各航空団に所属する各飛行隊(グルッペ)にはローマ数字で書かれる隊番号がつけられ、各飛行隊に所属する中隊(シュタッフェル)には航空団内の通し隊番号がつけられ、アラビア数字で表記された。この新方式の下でデベリッツとダムの両飛行隊は、各々Ⅰ./JG132（第1〜3中隊）とⅡ./JG132（第4〜6中隊）となった。

JG132司令、ヨハン・ライテル少佐の在任期間は短かった。9週間後に戦闘機隊査察総監の職に栄転した。6月9日にゲルト・フォン=マッソウ中佐が次の「リヒトホーフェン」戦闘航空団司令に任命された。

1936年前半、戦闘機隊は短期間の内に4個飛行隊を新設したので、どの飛行隊でも十分な訓練を受けた人員の不足が強く現れていた。このため、この年の後半は各隊とも訓練強化によって体力強化に努めた。その結果、いずれの隊も人員充足、練度最高の状態に進み、1937年春に開始された第2波の兵力拡張計画に臨むことができた。

この兵力拡大プログラムは戦闘飛行隊(ヤークトグルッペ)の数を既存の6個から12個に倍増することを要求していた。その上、ある程度期間を置いた後、12の戦闘飛行隊が各々1個中隊の中核になる人員を割いて、12の独立戦闘飛行中隊(ヤークトシュタッフェル)を新編することも計画されていた。しかし、結局、1937年の春に新たに開隊され

1936年9月、JG132は胴体に表示された視認しにくい文字・数字組み合わせの機番コードを廃止し、視認しやすい新しいマーキングに転換した。新しいシステムは白の幾何学的シンボルと数字（いずれも黒線の縁で囲まれる）を組み合わせたものだった。この機のマークは飛行隊長のシンボル、横向きの二重のシェヴロン（矢尻の形）と、その後方の第Ⅱ飛行隊のシンボル、垂直のバーの組み合わせであり、第Ⅱ飛行隊長フォン=シェネベックの乗機であることを示している。

1937年の春に最初のBf109が配備され始めると、この航空団は新しい部隊紋章を採用した。この第Ⅰ飛行隊の2機のB-2の写真はその年の後半に撮影されたもので、銀色の盾型の中に赤い「R」の字を描いた新しい紋章を、風防側面の下につけている。

たのは、デベリッツとダムから引き抜いた要員を中核として編成された2個飛行隊だけだった。東プロイセンのイェーザウに配備されるように計画されていたⅠ./JG131と、マンハイムに配備される計画のⅡ./JG334である。

したがって、1937年初めに「リヒトホーフェン」戦闘航空団が受けた人員引き抜きは、前年ほど厳しくはなかった。そして、数週間の内に、この人員減を補って余りあるほど戦力増をもたらす変化があった。JG132は、ヴィリ・メッサーシュミット教授設計の革命的な新型戦闘機、低翼単葉引込脚のBf109を最初に配備される部隊に選ばれたのである。

新鋭機Bf109の配備

時代の最先端を行くこの戦闘機の先行生産型、Bf109B-0を実戦部隊の条件の下でテストする短い過渡的期間の後、この戦闘航空団(もっと正確にいうとユーターボグ＝ダム基地のⅡ./JG132)は生産型のB-1への転換訓練を開始し、それに続いてB-2も配備された。1937年の夏の末には、JG132の機首を深紅色に塗ったハインケル複葉機は全面的に姿を消し、スマートな単葉機がそれと入れ替わった。これらのBf109のダークグリーン塗装の胴体には、航空団の新しい紋章——銀色の盾型の地の中に、リヒトホーフェンのイニシャル「R」の赤い筆記体文字が書かれている——が描かれていた。

威勢のよい第Ⅱ飛行隊のパイロットたちはHe51からメッサーシュミッ

1月には英国空軍のC・L・コートニー空軍少将(画面の左から3人目)が視察のためにJG132を訪れた。彼の右側にはエアハルト・ミルヒ航空担当国務相(将官用の白い襟のオーバーを着ている)がつき添っている。この時期、Ⅰ./JG132はまだHe51装備のままだった。コートニーは何か会話に没頭していて、第2中隊の4号機をまったく無視している。

1937年初めには、世界的英雄のリンドバーグ大佐——大西洋横断飛行の後に予備役大佐の階級を与えられた——がJG132を訪れた（背広姿の人物）。彼は前頁の英国空軍将校と違って、第1中隊のハインケルに対する鋭い興味を示している。その翌年、ふたたび部隊を訪問した時、彼はBf109を操縦する機会を与えられた。

1938年8月、エアハルト・ミルヒの案内を受けて、デベリッツ基地を視察するフランス空軍参謀総長、ジョゼフ・ヴュイルマン大将。この時、第I飛行隊は最新のBf109Cに装備改変を進めていた。これらの最新鋭の戦闘機とスマートなカバーロールの飛行服を着たパイロットたちは、彼に強烈な印象を与えた……

……帰国したヴュイルマンは、発展を続けているドイツ空軍の最新の装備と高い戦力について政府に報告した。

トへの装備転換を祝うためにあれこれと珍奇なやり方を考えた末、ビール109本を並べて皆で全部飲み切って祝ったといわれている。この飛行隊の系譜は第二次大戦後期の第1夜間戦闘航空団第I飛行隊（I./NJG1）につながって行くのだが、1943年春にI./NJG1が最新型の夜間戦闘機、He219を装備する最初の部隊になった時、パイロットたちがご先祖パイロットたちの伝統を受け継いでビールを馬鹿飲みしたかどうかは、残念ながら記録に残っていない。

　1937年9月、国防軍の陸海空3軍全部が参加する大規模な演習がドイツ北部で実施された。Bf109を装備したJG132の2個飛行隊は「赤軍」の戦闘機兵力のバックボーンとなった。演習中に死者を出す事故が数回発生し、いささか影が薄くなったが（水平安定板の取付部の欠陥が原因であると後に判断された）、Bf109の高性能は演習を視察していた外国の武官や記者に強く注目された。

秘密の夜間防空演習

　1937年の大演習の目立った面のひとつは、どのような設定状況の下でも夜間戦闘機が一切姿を見せなかったことである。ドイツ軍部の上層部の大半はヒットラーの軍備拡大競争を全面的に支持していたが、一部に慎重な考えをもつ者もあった。彼らは、攻撃兵力誇示だけを背景とした対外拡張政策は危険を招く怖れがあると憂慮していた。対外強硬政策進行に対応して防御兵力を強化して行かなければ、ドイツは外国の報復攻撃を受けた時に大打撃を被ることになると考えたのである。英国空軍もフランス空軍も「重」夜間爆撃機（たとえば、ハンドレーペイジ・ヘイフォードやアミオ143M）を保有しており、夜間爆撃機に対する最良の防御手段は夜間戦闘機であると主張する者が少なくなかった。

外国のお偉方の訪問の際に繰り広げられる華やかなパレードや儀式のシーンの舞台裏で、デベリッツは地味な作業のための基地そのものだった。誘導路の一部を写したこの場面では移動酒保の車両のまわりに大勢の兵士が集まっている。画面の右上方には「中隊のタクシー」、ゴータGo145連絡機、左上方の格納庫の前の単線の線路上に1両の貨車が写っている。

「リヒトホーフェン」戦闘航空団は、前線飛行場の「原始的」な状態の中での作戦行動も身につけて行った。この訓練と経験は、2年後の西部戦線電撃戦の急進撃の際にきわめて有効だった。

　その主張が認められ、1937年の大演習自体が終了してから間もなく、限られた規模で一連の秘密の夜間演習が実施された。これらの演習では、II./JG132のパイロットが操縦するアラドAr68が、ベルリン地区の照空灯部隊と協同して行動した。演習での夜戦の行動はきわめて初歩的なものであり、複葉の単座戦闘機がグースネック型のトーチライトの光を頼りにして、草地の飛行場で発着する状態であり、第一次大戦末期の状況とあまり変わってはいなかった。それでも、こうした初めての実験は明らかに空軍当局者に刺激を与えた。

　その後、欧州諸国に緊張が高まり続ける2年間にわたって、夜間戦闘機運用の実験と演習がさまざまなかたちで行われた。実際に、「リヒトホーフェン」戦闘航空団のパイロットたちの中で、上司の思惑を気にしない連中はこのような冗談を言い放っていた——「総統が外国に対して次の領土要求を持ち出そうと企んでいる時には、僕たちにはそれがすぐに分かるんだぜ。その1週間ほど前から、ベルリン周辺の夜間防空戦演習が始められるのだから！」

リンドバーグの訪問

　JG132は戦技の技量向上のために訓練に励むと同時に、その母体であるデベリッツ飛行隊——最初の戦闘機部隊であり、ゲーリングのお気に入りであり、対外的なショーウィンドウとして使われた——以来の役割を果たしていた。1937年から1938年にかけて、JG132は相次いで訪れる身分の高い人たちをもてなし、隊内を見学させた。

　そうした訪問者の最初は、作戦・情報部長C・L・コートニー少将を首席とする英国空軍代表団だった。彼は1937年1月、6日間にわたってドイツの航空機産業と空軍の飛行場数ヵ所を視察し、その中には機首を赤く塗ったハインケルが並んでいた時期のJG132の基地も含まれていた。その後、この部隊を視察のために訪れたのは欧州諸国——ベルギー、ポーランド、スウェーデン——の代表団だけではなく、遠く南アメリカと日本からもやって来た。

　1938年に入っても高官や有名人のJG132視察は一向に減らなかった。その中にはイタリアのバルボ空軍元帥、フランス空軍参謀総長ヴュイルマン大将（彼はドイツ空軍の精強な兵力に強い印象を受けて帰国した。その印象は

案内役の数人の将校が彼を巧みな仕掛けに乗せることに成功した結果である。当時、まだわずかな機数しかなかったBf110Bを、トリックによって、一定の間隔で同じ数機を繰り返して離陸させ、十分な機数が揃っていると印象づけることに成功した)。そして、1927年に初めて大西洋横断単独無着陸飛行に成功した米国の空の英雄、リンドバーグ大佐も入っていた。

リンドバーグも注意深く計画されたコースに沿って航空機工業と数カ所の実験部隊基地を視察し、Bf109を操縦してみる機会も与えられて、強い印象を受けた。彼は自分の目で見た事実を信じ、ドイツ空軍が優位に立っていることを確信した。そして、米国に帰った時、孤立主義運動の先頭に立ち、その後には米国は第二次世界大戦に関与するべきではないという論陣を張った。

このように、外国の高官などに対してプロパガンダの効果をあげたのは明らかだが、「リヒトホーフェン」航空団の主な任務は、以前と同様に、高い戦闘能力を即時に発揮できる態勢を常に維持することだった。さまざまの国の有名な近衛連隊や親衛連隊と同様に、彼らは単にディスプレイのための存在ではなく、その国の軍隊組織全体の中のひとつの重要な構成部分だったのである。こうした存在であるこの航空団が1930年代末に近い時期のドイツで要求されていた任務は、ヒトラーの領土拡大の対外要求の背景となる武力の一翼を担うことと、あまり可能性は高くないが、外国がその要求に武力で対抗しようとした場合に自国の領空を防衛することである。

ズデーテン――欧州の緊張

ヒトラーの次の「対外」領土拡大行動は抵抗を受ける可能性が低いものだった。オーストリアを大ドイツ帝国に併合しようとしたのである。JG132はそのための軍事行動にわずかながら参加した。第I飛行隊(グルッペ)の1個中隊(シュタッフェル)をミュンヘンに派遣し、ヒトラーが意気揚々と生まれ故郷に乗り込む時、彼の乗ったJu52の護衛に当たった。この中隊は4日間、ウィーン=アスペルン飛行場で待機した後、3月11日にデベリッツに帰還した。

その1カ月後、1938年4月21日(リヒトホーフェン戦死の20周年に当たる)、デベリッツ基地は空軍最高司令官ゲーリング元帥を迎えた。その日、彼は、亡き英雄に献じる記念碑の除幕の役を務めた。除幕式では石碑の左右に真紅に塗られたフォッカー三葉機とダークグリーン塗装のBf109が並べられ、この碑は戦闘機隊の過去と現在を固く結ぶ絆の象徴であることを示していた。

これはいまだに解けていない謎である。ミュンヘン危機の時期、本当にハインケルHe112B-0装備の1個中隊がIV./JG132へ配備されたのだろうか? それとも、プロパガンダに使う写真を撮るだけのために、日本に輸出する機にドイツ空軍のマークを塗装したのだろうか?

オーストリアを無事にドイツの版図に収めることに成功したヒットラーは、次に領土拡大の野心をチェコスロヴァキアのズデーテン地方に向けた。ドイツ系住民が多いこの地方の割譲を求めたのである。オーストリアの場合は、両手を拡げてドイツの要求を受け入れ、国境を越えて進駐するドイツ軍は歓迎を受けた。ズデーテンの場合はそのように進まないであろう（少なくともチェコ政府は抵抗するであろう）と、ヒットラーは十分に承知していた。

この全体にカモフラージュ塗装を施された2機のアラドAr68Eは所属部隊不明だが、ブルーメンザート中尉の夜間戦闘機部隊、第10中隊の機であるという見方が以前からある。しかし、現在もこの見方には明確な証拠がない。

この状況に対応した緊急な軍備拡張の一部として、「リヒトホーフェン」戦闘航空団は突然にサイズが2倍に拡大された。II./JG132の基地であるエターボグ＝ダムでこの航空団の第III飛行隊が新編され、ベルリンの東北東20kmのヴァーノイヘンでIV./JG132が新設された。この2隊が開隊されたのと同じ1938年7月1日付で、それ以外に6つの戦闘飛行隊(ヤークトグルッペ)が新設された。

同時に新設された8つの戦闘飛行隊の内で実際に、全面的に新たに編成されたのは4つだけだった。それ以外の4つの飛行隊——III./JG132も含まれている——は、1937年の夏の初めに独立部隊として編成された12の飛行中隊(シュタッフェル)を、至急に4つの飛行隊(グルッペ)に再編したのである。

メッサーシュミット社の生産ラインはすでに能力の限度一杯まで操業しており、このように急増した部隊の全体にBf109を供給することは不可能だった。このため、新設飛行隊の過半は旧式な複葉機、アラドとハインケルを装備したままだった。

その例をあげてみれば、ボルマン少佐（工学博士）のIII./JG132に編入された中隊はすべて、独立飛行中隊として前年に新編された時以来の旧式なAr68を装備していた。一方、テオ・オスターカンプのIV./JG132は、ヴァーノイヘンの地区飛行学校の上級戦闘機コースの教官と訓練修了者を中核としてまったく新たに編成され、幸運なことにその施設が訓練に使っていたBf109を転用することができた。

それに加えて、IV./JG132は、その時期に日本への輸出準備が完了していたハインケルHe112B-0 12機（ドイツ空軍の標準型戦闘機となることを目指して開発されたが、Bf109との競争に敗れて不採用となった）を一時転用し、装備を強化したという説がある。ズデーテン危機の時期、この飛行隊の1個中隊がハインケルを使用していたという見方である。しかし、この説に対しては反論

これは10.(N)/JG131の所属機が写っている唯一の確認された写真である。しかし、ブルーメンザートの中隊の複葉機の翼端が、腹立たしいほどわずかに写っているに過ぎない。もっと詳細な状況を知りたいものだが、中隊のバスとカモフラージュのネットが写っているので、臨時の発着場での情景だと考えられる。先の方に写っているクレムKℓ35連絡機の左の主翼の「WL」というコードは、1939年1月から10月の間の頃のものである。

1939年4月21日、マンフレート・フォン＝リヒトホーフェンの戦没21周年記念祭が、その前年に除幕された記念碑の前で行われた。碑の前に立っているのはゲルト・フォン＝マッツォウ（ヘルメット着用）、ヘルマン・ゲーリング（その右）、故人の母堂と兄弟である。ゲーリングの頭上に斜めに延びる白いバーは、この航空団のBf109のプロペラである。

がある。ドイツ空軍マーキングつきのHe112の写真は、大戦初期に実在しない新鋭機、「He113」の写真が大量に流布されたのと同様に、「敵を欺いて混乱させるため」に作られたプロパガンダ用の写真なのだという主張である。

続いて、ズデーテンをめぐる情勢の悪化をもっと明確に示す空軍内の動きがあった。9月に入ってデベリッツに夜間戦闘機実験部隊が復活したのである。指揮官となったブルーメンザート中尉はリペーツクで射撃教官の職にあり、この時には夜間戦闘機の熱烈な支持者になっていた。中隊（シュタッフェル）の規模のこの部隊はAr68を装備し、正式の部隊呼称──10.(N)/JG132──を与えられた。

首都の夜間防空が必要だと政府首脳が考え始めたということは、チェコスロヴァキア危機がクライマックスに近づいていることを明らかに示していた。しかし、ヒットラーのチェコに対する要求の支えとなっている軍備は、質の均一性の上では多少の問題はあったが、量の上では英国とフランスに対して十分な圧力となっていた。この両国はすでに、譲歩に向かう滑りやすいスロープに両脚ともに踏み込んでいた。

1939年9月30日午前、真夜中の30分後、ヒットラー、ムッソリーニ、チェンバレン、ダラディエの4人は、チェコのズデーテン地方をドイツに割譲することを定めたミュンヘン協定に調印した。その翌日、航空機500機の支援の下にドイツ軍地上部隊が、抵抗を受けることなく国境を越えた。進駐開始の10日後、ドイツ空軍が協定で合意された占領ゾーン内のチェコの飛行場全部と関係施設を接収したと発表された。

新たな編制──第2戦闘航空団

1938年11月11日、戦闘機隊（ヤークトヴァッフェ）全体にわたり、大きな影響をもたらす変更が

大戦勃発の日が急速に近づいて来ると、ドイツ空軍は隙の無い態勢を取った。I./JG2の新型機、Bf109E-1は地上と空中両方の覗きたがり屋たちの眼から、注意深く隠されるようになった。

実施され始めた。その日にまず、戦闘飛行隊が「軽」戦闘機と「重」戦闘機の2つの種類に区分された。後者は大戦中の駆逐機飛行隊の前身となるものであり、3桁数字の部隊番号の2桁目を「4」として任務区分が表示された。「リヒトホーフェン」戦闘航空団の4つの飛行隊の内、2つがこの区分の影響を受けた。ヨアヒム・フリードリヒ・フト少佐が指揮するII./JG132は、長らく基地としていたユーターボグ=ダムから動くことはなかったが、部隊呼称はI./JG141に変更された。比較的新参のIII./JG132はユーターボグからフェルシュテンヴァルデに移動し、新たな部隊呼称、II./JG141を与えられた。

これらの2つの飛行隊が新たに設けられた任務区分、「重戦闘機」の列に並んだ(後に、各々I./ZG1とI./ZG76とに改編された)のと同時に、テオ・オスターカンプのIV./JG132はI./JG331と改称された(その後、I./JG77に変わった)。この飛行隊は少し前の一連の部隊動員により、ヴァーノイヘンからライプツィヒ(ズデーテン作戦が始まった時には前進基地になるはずだった)へ移動し、次に旧チェコ領に50kmほど入ったカールスバドに移動し、その後、チェコ中部、モラヴィアのメーリッシュ=トリュバウ(チェコ語地名はモラヴスク=トレボヴァ)の飛行場に移動した。

このような組織再編の結果、フォン=マッソウ大佐がドイツ空軍最初の戦闘航空団の司令という立派な肩書の下にもつ兵力は、突然、1個飛行隊のみに削減されてしまった。それに加えて、マッソウの航空団は呼称が変更されて、JG131「リヒトホーフェン」となった。これは航空団番号の内、所属地区を示す3桁目の数字の変更である。1934年に設定され、全土を6つに区分していた航空指揮地区に替わって、新たに3つの空軍地域司令部が設けられた結果である。「リヒトホーフェン」戦闘航空団のようにベルリン地区に基地を置く部隊は、それまで第II航空指揮地区所属だったが、それ以降、第1空軍地域司令部(Lw.Gr.Kdo.1)の指揮下に置かれた。この組織変更は2月1日に発効していたが、ズデーテン危機の間、部隊のレベルの呼称変更は先延ばしされ、1938年11月11日に実施された。

それに続く冬の間、JG131「リヒトホーフェン」の航空団本部と第I飛行隊は、デベリッツ基地で全面的にBf109Cに機種転換を終えた。そして、1939年1月の半ばに、Ar68を装備したブルーメンザート中尉の夜間戦闘機中隊が復活され、10.(N)/JG131となった。この夜戦中隊復活が意味することは唯ひとつしかなかった。それはヒットラーがふたたび欧州の地図の描き変えに乗り出すことだった。

3月の初めにそれは具体的に動き始め、I./JG131は南へ移動した。チェコスロヴァキア解体のためのヒットラーの二度目の、そして最終的な行動に参加するためだった。3月15日、局地的な猛吹雪にもかかわらず、ドイツ軍の地上部隊はチェコのボヘミア地方の残りの部分とモラヴィア地方を占領した。その翌日、これらの地域は公式にドイツの保護領とされ、ズデーテン地方に続いて大ドイツ帝国の版図に収められたのである。

この時もドイツ空軍の部隊は周辺の飛行場に展開し、強い抵抗の徴候があればただちに攻撃する態勢を取ったが、出動の必要は無かった。3月17日までには天候がある程度回復し、旧チェコの首都で行われた祝賀式典に空軍も参加できるようになり、400機ほどが臨時の基地、カールスバドから離陸して東へ向かった。そして、次々に続く密集編隊がプラハのフラデカニイ宮殿の上空を圧して低高度で飛び、拡大を続けるドイツの軍事力を観衆に強く印象

づける効果をあげた。

　その後、間もなく、I./JG131は最新型のBf109Eへの装備転換のためにデベリッツに帰還した。そして、この飛行隊はこの基地で1939年5月1日を迎えた。この日、部隊の呼称を大幅に単純化した「ブロック」システムが実施され（このシステムでは第1航空艦隊所属の部隊には1～25、第2航空艦隊所属部隊には26～50、第3航空艦隊所属部隊に51～75、第4航空艦隊所属部隊には76～99の部隊番号が与えられた）、ここでこの部隊は第二次大戦勃発前の最終的な呼称、第2戦闘航空団「リヒトホーフェン」(JG2)になったのである。

　新システムでの番号の順番が部隊のプライドに関係する可能性は当然考えられることだが、I./JG1という番号は遠く離れた東プロイセンに孤立的に配備された部隊に与えられた。その理由は不明である。しかし、JG2は第二次大戦勃発の時、そして大戦の全期間を通じて、ドイツ空軍戦闘機隊の最古参の地位にあった。

chapter 2

大戦勃発から英国本土航空戦まで
hostilities

　1939年9月1日の朝、0430時［午前4時30分。以下、時刻の表記は同様］をわずかに過ぎた頃、ドイツ空軍は対ポーランド攻撃を開始した。この時のJG2の可動機数はBf109　52機だった。配備定数より1機すくないだけの高い可動率である。その内訳はフォン＝マツソウの航空団本部のBf109E　3機、フィエック少佐指揮の第I飛行隊のBf109E　40機（配備定数は41機）、ブルーメンザート大尉指揮の10.(N)/JG2のBf109D　9機（以前のAr68から装備転換していた）である。

　しかし、「リヒトホーフェン」戦闘航空団がポーランド侵攻作戦で担った役割はわずかなものだった。この部隊の主な任務はドイツの首都の防空だった。防空任務では、小規模ながら高い練度をもつポーランド空軍が報復のために夜間爆撃をかけて来る可能性が重視され、ブルーメンザートの夜間戦闘機中隊をベルリンの東20kmのシュトラウスバークの前進基

1939年9月1日、ヒットラーはポーランドに対する戦争開始を放送で発表した。写真はその放送を一般市民用のラジオで聞いている空軍の通信班員たち。

ポーランド侵攻作戦開始後、短い期間、ブルーメンザート大尉のBf109D夜間戦闘機はベルリンを夜間空襲から護るために、毎晩、出撃態勢で待機した。しかし、敵機はまったく現れなかった。

地へ移動させた。

　このような警戒態勢準備が正しい判断だったことが、早くも開戦当日の夕刻に明らかになった。1831時にベルリン全体に空襲警報のサイレンが鳴り響いたのである。JG2のほぼ全機は緊急離陸し、「侵入機」迎撃に向かったが、間もなくそれはワルシャワ飛行場爆撃から帰還して来たハインケル爆撃機の編隊だと判明した。

　ポーランド侵攻開始後、48時間も経たない内に、英国とフランスがドイツに対して宣戦布告した。これによってベルリンが西方からも爆撃を受ける可能性が生じた。この事態に対応して、JG2から数個小隊がベルリン西郊から35kmの距離にあるブランデンブルクに分遣された。しかし、西方からも東方からも、昼間も夜間も、第三帝国の首都を目指す敵の爆撃機はまったく現れなかった。

　ベルリン上空に敵機が一向に現れないので、ご当局のお偉方は安心したと見え、I./JG2の1個中隊がポーランド戦線に分遣されることになった。命令を受けた第1中隊は9月9日に、東プロイセン国境からわずかにポーランド領に入ったプロストケンに進出したが、この時期のこの戦線の空では航空戦がすでに終わり、ベルリン上空と同様に平穏になっていた。1./JG2のパイロットたちはこの東部戦線短期派遣の間、1機も敵機と遭遇せず、主に道路と鉄道を目標とした地上掃射任務に数回出撃しただけで、9月15日にはデベリッツ基地に帰還した。

　実際のところ、「リヒトホーフェン」戦闘航空団の第二次大戦中の最初の乗員と機材の損失は、ベルリン周辺空域で発生した事故によるものだった。ある記録によれば、9月16/17日の夜に2機が墜落している——1機はI./JG2のBf109であり、もう1機は第10中隊のAr68とされている(10.(N)/JG2は公式にはBf109Dに装備変更済みとされているが、この記録から考えると、まだこの複葉機が中隊に残っていたようである)。パイロットはいずれも死亡した。

　事故調査の結果、ベルリンのサーチライトの光線の強い反射を目に受け、パイロットが一時的に視力を失ったためではないかという推論が報告された。

しかし、その翌月、ベルリンの北の郊外で第10中隊のBf109D 1機が「味方対空砲火」によって撃墜される事故が発生しており（この時はパイロットは無事に落下傘降下した）、9月の2機墜落も調査の推論以外の原因によるとも考えられる。

9月の終わり近くに、長らくI./JG2の飛行隊長（グルッペンコマンドゥール）の職にあったカール・フィエックが大佐に昇進し、第3戦闘航空団司令に栄転してデベリッツを去った。彼の後任、ユルゲン・ロト大尉は、コンドル部隊の戦闘機部隊の最初の中隊長（シュタッフェルフューラー）のひとりとしてスペイン内戦で戦った人である。それから1カ月あまり後、今度はI./JG2が、5年半前に隊の前身であるデベリッツ飛行団が編成された時以来の基地に、別れを告げることになった。

「奇妙な戦争」での空戦

1939年11月の初め——ポーランド侵攻作戦終了からすでに1カ月が過ぎ、対ソ連の協定によってドイツの東部国境の安全は確保され、首都の上空に敵の爆撃機は一度も現れたことが無かった——、JG2の航空団本部と第I飛行隊はベルリン周辺地域を離れ、ドイツ南西部の西部要塞線（ヴェストヴァル）背後の地域に移動した。ドイツ軍はフランス軍と対峙する兵力の増強を進めており、JG2もそれに加わったのである。

この時期、「リヒトホーフェン」戦闘航空団を標準的な兵力レベル、3個飛行隊（グルッペ）編成に拡大する計画が進行していた。しかし、2つの飛行隊を新編し、実戦可能状態にまで練成するためには何週間もかかるので、他の航空団の2つの飛行隊が臨時にフォン=マッツウ大佐の指揮下に配置された。臨時配属ひとつ目のI./JG77はすでにフランクフルトのライン=マイン飛行場に基地を構えており、I./JG2が移動して来たレブシュトック飛行場はその近くだった。ところが数日の内に、I./JG77はケルンに移動する命令を受け、それと交替するためにふたつ目のI./JG76がライン=マインに送り込まれた。この部隊は以前、首都防空任務の飛行隊のひとつであり、この時期にウィーンからドイツ西部に移動して来ていた。

JG2の新たに担当することになった作戦地域の中心は対フランス国境に面したザールラント地方であり、中立国、ルクセンブルクの南部国境にまで拡がっていた。この中立の公爵領への上空侵犯は禁止され、ドイツ軍とフランス軍双方とも相手側の領空への侵入のためにザールラント「回廊」を広く利用した。第二次大戦の初期、英仏両国の対独宣戦布告以来のいわゆる「奇妙な戦争」（フォニー・ウォー）の時期、そのような敵地上空侵入はほぼ全面的に偵察を目的としていた。JG2の任務の内容は2つに分かれていた。ひとつは防空パトロールであり、詮索好きなフランス人たちをドイツの国境要塞地帯にあまり奥深く侵入させないように、国境近くで撃退することを目的としていた。もうひとつは、自軍の偵察機がフランス上空に侵入する時の護衛だった。

「リヒトホーフェン」戦闘航空団の第二次大戦における最初の戦果——2機撃墜——をあげたのは、1939年11月22日の偵察機護衛任務の出撃だった。この日、3./JG2に与えられた任務は偵察機近接護衛ではなく、索敵攻撃（フライヤークト）だった。ドルニエ偵察機の計画された飛行コースの前方の抵抗を排除しておくことが目的とされていた（詳細は本シリーズ第11巻「メッサーシュミット Bf109D/Eのエース 1939-1941」を参照）。

このお定まりのパターンの出撃メンバーのひとりは、あまり目立たず、褒め

3./JG2のヘルムート・ヴィック少尉。何か考え込んでいる様子である。彼は1939年11月22日、JG2の初戦果となるフランス空軍のカーチス・ホークH-75 1機を西部戦線で撃墜した。

られることも少ない若い少尉、ヘルムート・ヴィックだった。ヴィックは正午過ぎにストラスブールの北西、ファルスブールの上空で、フランス空軍のGCⅡ/4（第4連隊第Ⅱ戦闘機大隊）のカーチス・ホークH-75A 1機を撃墜した。これはJG2のスコアボードの出発点であるだけではなかった。流星のように急速に空高く昇り、短い期間の内に消えて行ったひとりのパイロットの撃墜記録の出発点でもあった。

　この目立たない少尉はわずか1年の内に、第3中隊の分隊編隊長（ロッテンフューラー）（2機編隊の指揮官）からJG2「リヒトホーフェン」の航空団司令（ゲシュヴァーダーコモドーレ）の地位に昇進した。これはドイツ空軍の中でも比類のない速さの昇進だった。それとともに、この1年の内に彼はドイツの撃墜戦果最高の戦闘機エースの地位に立ったのである。

　その後、ヘルムート・ヴィックは国民的英雄として新聞や雑誌、ニュース映画にたびたび取り上げられた。そして、11月22日の戦闘の、「実相」を彼自身で書いた次のような記事が、ドイツ空軍の広報誌『デア・アドラー』に掲載された。

「フランス軍機のドイツ領空侵入はあまり回数が多くないので、列機のパイロットと私は相談して、こちらの方から相手を訪問しようと決めた。東からの追い風は我々の敵地侵入に有利だった。

「ナンシー付近で私は突然、高度6000mほどを飛ぶ飛行機の群れを発見した。それが味方機ではないと判断し、我々は旋回に入った。我々より高い位置にいる敵の編隊から2機が分かれて、我々の方に降下して来た。そこで私は敵機の型を識別することができた。奴らはカーチス戦闘機だった。

「我々は降下に移り、予想通りに敵の2機も我々を追って降下して来た。私が上昇旋回に入ると、敵の1機が私の真後ろについて来た。私が振り返って後方を見ると、敵機の赤と白とブルーの蛇の目の国籍マークが見えた。私は今でもそれをはっきり思い出す。敵機を見た時、最初は胸が躍る感じだった。さらにフランス機が機銃4挺を撃ち始めた時には、凄いと感じた。しかし、誰か

ヴィックがJG2の初戦果をあげた空戦で、その列機として戦ったエルヴィーン・クライ軍曹。この戦闘でクライもホークH-75 1機を撃墜した。この写真では、彼は2機目、（1940年5月15日にシャルルヴィル付近でホーク1機を撃墜した）の撃墜マークを指差している。1942年8月19日、カナダ軍の失敗に終ったディエップ上陸作戦の日、「イッケ」・クライは航空団で初めてのB-17撃墜を果たした後、戦死した。

フランクフルト＝レプシュトック飛行場の1939年のクリスマス。II./JG2が新編された1939～40年の冬までには、以前のエーミールのダークグリーンのカモフラージュは、もっと適切な明るい色の塗装に切り換えられていた。3./JG2のパイロットたちが「カフェ・アルシャンボー」——この中隊の待機小屋——の窓から顔を出している。フランツ・イェニッシュ曹長（窓の左側、下の方）とルードルフ・プフランツ少尉（窓の右側）は「奇妙な戦争」の終わりの数週間に各々初撃墜を記録した。

1940年3月半ばのフランクフルトでは、地面はまだ厚い雪に覆われていた。「イッケ」・クライは両耳を押さえているが、寒さのせいだろうか、それとも誰かがエーミールのエンジンを噴かせて、やかまし過ぎる爆音を立てているせいだろうか？ フランツ・フィビー少尉（中央）は爆音を楽しんでいる様子であり、フランツ・イェニッシュはまったく無関心なままである。

「が後方から私を狙って撃って来るのだという現実に引きもどされると、途端に居心地が悪くなった。

「私はふたたび機首を下げた。こちらの降下速度は素晴らしく、敵機はすぐに見えなくなった。私は左上方を見回した。何も目に入らなかった。続いて右上方を見ると、恐ろしいものが目に入った。空冷星型エンジン4つが私の方に正面を向け、しかも赤い炎の舌を吹き出して迫って来るのだ。その時、間の抜けた考えが頭をよぎった——『奴らは本当にドイツ機を撃ってもよいと言われてるのかな？』

「しかし、私はすぐに気合いを入れ直した。今度も逃げた方が良いのかな？ いや、今度は奴らにぶつかって行かなくては。1機ぐらいは撃墜してやろう。私は歯を喰いしばり、方向舵ペダルを強く踏み操縦桿を横に倒して右旋回に入った。敵機のコースに機首を向けるのだ。

「狙った方向まで旋回し終った時、敵の1番機はすでに私の頭上を飛び過ぎていた。それに続く2番機に、私は正面から攻撃をかけた。焰を噴いている敵の銃口を真正面から見つめているのは嫌な気分だったが、それはほんの一瞬だった。双方、あまりに距離が近く、命中弾は無かった。この機は私の頭上をかすめて飛び去り、3番機もすでに私の頭上近くに迫っていた。

「私はわずかに機首を振って、この機をうまく射線に捉えた。照準、そして射撃——戦闘機学校での訓練の通りに進んだ。最初の一連射の途中で、敵機の機体から金属片が飛び散るのが見えた。そして両翼が折れ、墜落して行った。

「その敵機のすぐ後に4番機が続き、私の機を狙って射撃して来た。幸い命中弾は無かった。最初の2機が上昇に移った。もう一度攻撃して来る気なのだ。私も上昇に入った。敵に追いつかれないようにするためだ。私の機の燃料の残りが怪しくなって来た。そろそろ引き上げる頃合いだ。私の列機は最初の降下と転針の間に私の機から離れ、彼だけで無事に基地に帰還していた」

この記事の中でヴィックは書いてないが、彼の列機、エルヴィーン・クライ曹長はGC II/4のカーチス・ホーク1機を撃墜したと報告している。ヴィックが撃墜した機が墜落して行くのと同じタイミングである。

ヴィックはこの記事の終わりの部分で、この日の出撃とそれに続く戦闘は危うくお流れになるところだったと書いている。離陸の直前まで彼

フランクフルトでの3./JG2のパイロットたち。左からフランツ・イェニシュと中隊長、ヘニヒ・シュトリュンペル大尉。その右の背の高い人物、ヨブスト・ハウェンシルト中尉は、西部戦線電撃戦開始の日にJG2で唯一の撃墜戦果をあげた。右端のエトムント・ヴァグナー軍曹は1940年の末近くにJG51に移動し、1941年11月に騎士十字章を死後授与された。

の乗機は点検が続き、離陸した後も敵領空侵入のための高度まで上昇する間に、メッサーシュミットの外皮に氷の膜が拡がり始めたのである。彼は途中で引き返そうかと真剣に考えた。このような厳しい低温の気象条件は西部戦線全体に厚い雪のカーペットを拡げ、この地域で数十年に一度という最悪の冬が始まった。その後の3カ月の大部分の日、飛行が悪天候によって妨げられた。そのため、1940年3月になって、I./JG2はやっと次の撃墜戦果をあげることができた。

　厳しい冬の寒さに痛めつけられている中で、ドイツ空軍の兵力拡大は着々と進められた。「リヒトホーフェン」戦闘航空団の第II飛行隊はベルリンの南西90kmのツェルプストで新編作業を進めていたが、12月に実戦可能状態に至ったと公式に確認された。この飛行隊の指揮官、ヴォルフガング・シェルマン大尉はI./JG2のユルゲン・ロトと同様に、スペイン内戦で戦ったベテランだった。（彼の確認撃墜戦果は12機であり、コンドル部隊の中で伝説的な英雄、ヴェルナー・メルダースに次ぐ第2位のエースとなった）。

　しかし、II./JG2はすぐには西部戦線の第一線にいる航空団本隊の戦列に加わらなかった。この飛行隊は最初の3カ月、ドイツ中部に留まって、この地域の重要な工業施設の防空任務につき、その後、北海沿岸の港湾の防空体制を強化するため、1940年3月半ばにノルトホルツに移動した。

　この時期には、第III飛行隊の新編によって、JG2は3個飛行隊編制の標準的な兵力になった。III./JG2は前年10月にウィーン=シュヴェハトで開隊されたが、全面的に作戦行動可能状態になったのは1940年2月末だった。この飛行

隊も最初はドイツ中部に配置され、マグデブルクを基地としていた。飛行隊長（グルッペンコマンドゥール）は41歳のエーリヒ・ミクス（博士）少佐、第一次大戦で3機撃墜を記録したパイロットだった。

北方の夜間戦闘機部隊

短い期間ではあったが、「リヒトホーフェン」戦闘航空団は、ズデーテン危機の前のピーク時の兵力と同じく、4個飛行隊編制になった。しかし、開戦後に編成された第Ⅳ飛行隊はJG2の一部として作戦運用されることはなく、JG2との関係は組織管理上の形式的なものに過ぎなかった。

この飛行隊の出発点はブルーメンザート大尉の夜間戦闘機中隊だった。大戦の初期に10.(N)/JG2は深夜、熱心にベルリン上空防衛の任務を続けた（ある時期、この中隊のBf109Dはサーチライトの光線の反射を少なくするため、キャノピーの中部——乗員の乗降のために右側に横開きする部分——を取り外したといわれる。これは9月16/17日夜の事故の対応と思われる。カラー塗装図7を参照）。

一方、連合国はドイツの都市に対する夜間爆撃を避ける方針を固く守ったので、航空省はこの中隊を有効に使うためにベルリン周辺から移動させることを決めた。それと同時に、ドイツ空軍のわずかな兵力の夜間戦闘機隊を増強する必要はないと判断した。しかし、航空省は、これまで独立部隊だった既存の3つの夜戦中隊を単一の部隊組織の下に統合することを決定した。

その結果、10.(N)/JG26と11.(N)/LG2が10.(N)/JG2と一緒になって、1940年2月にⅣ.(N)/JG2が新設され、指揮官には経験の深いブルーメンザート大尉が任命された。この新設の飛行隊を構成する3つの中隊は、すぐにドイツ北部の北海沿岸地域に分散配備された。ブルーメンザートの飛行隊本部と第11中隊（元11.(N)/LG2）はイェーファー、元々の10.(N)/JG2は沖合いのフリージッシェ諸島東北端の島、ランゲヴーク、12.(N)/JG2（元10.(N)/JG26）はリューネブルクの基地に移動した。その後、第12中隊はマルクスへ移動し、第Ⅳ飛行隊は小規模な分遣隊を編成して短い期間、バルト海沿岸のロストクへ派遣した。

このエーミールはJG2司令、ゲルト・フォン=マッソウ大佐の乗機。彼が第3地区戦闘隊司令官の職に転出する少し前の時期に、フランクフルトで撮影された写真である。

しかし、Ⅳ.(N)/JG2が最初の戦果をあげたのは、これらの北部の沿岸や海上ではなかった。1940年の春、この飛行隊は小規模な分遣隊をいくつか編成し、内陸部に配置するように命じられた。4月20/21日の夜——大戦勃発から8カ月近く後——ヴィリ・シュマレ曹長がドイツ空軍で初めての夜間戦闘機による撃墜戦果をあげた。大陸に派遣されていた英国空軍のAASF（前進航空攻撃部隊）所属、第218飛行隊のフェアリー・バトルⅠ軽爆を撃墜したのである。この機はシュトゥットガルトの北東、クライルスハイムの付近で、「ニッケリング」（つまらない仕事の意——宣

ブルーメンザート大尉のⅣ.(N)/JG2のドーラ[D型のこと]の用途は夜間戦闘機だったが、胴体側面の塗装は航空団の他のBf109と同じ淡いブルー(ヘルブラウ)だった。ここに写っているのは第11中隊の機で、第Ⅳ飛行隊が短期間ノルウェーに派遣された時に、トロンヘイム=ヴァーネス飛行場で撮影された。

伝ビラ撒布)のために忙しく飛んでいた。

　バトルP2201号機の3名の乗員の内、パイロットだけが生き残り、彼ひとりだけでのドイツ人に対する長い長い戦いはここから始まった。カナダ人、H・D・「ハンク」・ウオードル少尉は悪名高いOflag ⅣC捕虜収容所——今では単にコルディッツという地名で呼ばれることが多い——に送り込まれ、そこからうまく脱走した。

　それから5日後の夜、第Ⅳ飛行隊の2機目の撃墜を記録したのは北海沿岸の基地のパイロットだった。ハーマン・フェルスター曹長が双発機をジュルト島の南端の沖合いに撃墜した。この機は第49飛行隊のハンプデンⅠ P1319であり、英国本土内の基地の爆撃機軍団の機の中で、ドイツの夜間戦闘機に撃墜された第1号となった。

　この時期、ドイツ軍のノルウェー侵攻作戦は終結に近づき、フランスと北海沿岸低地地帯3国に対する電撃戦が間もなく開始されるはずだった。これらの作戦でⅣ.(N)/JG2は戦果をあげることはなかった。作戦地域の外周の防空任務についていたためである。しかし、ヒットラーが西部戦線で電撃戦を開始すると、連合国側はそれに対応してドイツに対する夜間爆撃を開始し、それはエスカレートして行った。当然のことながら、そこでドイツ空軍は夜間戦闘機防空部隊創設について、従来の方針から転換した。

　新たな夜間戦闘機部隊の中核として、双発機を装備する多くの駆逐機飛行隊が呼称を変えて転用されることになったが、実際に夜間戦闘の経験をもつ唯一の飛行隊、Ⅳ.(N)/JG2をその戦列に加えることは当然必要とされた。1940年6月22日、この飛行隊の呼称は正式にⅡ./NJG1と変更され (その9日後にふたたび改称され、Ⅲ./NJG1となった)、これでJG2「リヒトホーフェン」とのわずかなつながりの糸は最終的に断ち切られた。

緊張する西部戦線

　ここで「奇妙な戦争」の時期に立ち戻り、「リヒトホーフェン」戦闘航空団自体にふたたび目を向けよう、この年の冬の殊に厳しい気象状態が緩み始めると、西部戦線の両側で睨み合う双方の戦闘機隊の間で小競り合いがふたたび始まった。3月9日の午後、JG2は西部で3機目の撃墜戦果をあげた。第3中

フォン=マッソウの後任の司令はハリー・フォン=ビューロウ=ボトカンプ中佐だった。彼はフランス侵攻作戦全期と英国本土航空戦にかけて第2戦闘航空団の指揮をとった。

フランス侵攻作戦開始の1週間あまり前、I./JG2はフランクフルトからコブレンツの西、アイフェル高原の手前の丘陵地、バッセンハイムに移動した。通常のパトロール任務から帰還したところと思われるヘルムート・ヴィック少尉とギュンター・ゼーガー伍長が、毛むくじゃらの犬のお迎えを受けている。

隊の7機がザールラント国境近くで、2倍以上の兵力のGC II/5のモラヌ=ソルニエMS.406と交戦した。フランツ・イエニッシュ曹長がフランス側の1機に射弾を命中させ、その機のパイロットは負傷し、自国側のメッツ付近に不時着陸を試みたが、機体は大破して廃棄された。

4月に入るとすぐに、航空団司令ガート・フォン=マツオオ大佐が第3地区戦闘機隊司令官に栄転した。JG2「リヒトホーフェン」司令の後任は、第一次大戦中に6機を撃墜したエースであり、一時期、あの有名なベルケ戦闘飛行中隊の中隊長(シュタッフェルフューラー)を務め、最近の職、II./JG77飛行隊長(グルッペンコマンドゥール)から転任して来たハリー・フォン=ビューロウ=ボトカンプ中佐（後に大佐）だった。

4月中にJG2はスコアボードに撃墜3機を追加した。その内の2機は第1中隊が2日連続で1機ずつ撃墜した戦果だった。1機目は20日にオットー・バートラム中尉が撃墜したホークH-75Aである。これはザールブリュッケン地区に侵入して来たポテーズ双発偵察機の護衛戦闘機の1機だった。この時の空戦でJG2の2機が損傷を受け、パイロット1名が負傷した。

その翌日、JG2の損害はもっと大きかった。カール=ハインツ・クラール中尉がMS.406 1機を撃墜する一方、第1中隊の他の2つの小隊編隊(シュヴァルム)(4機編隊)がAASF所属の第73飛行隊のハリケーンと交戦した。この交戦はトリアの南西で展開され、JG2で初めての空戦による死者が発生した。ヴァーナー・ヘップナー曹長は被弾したメッサーシュミットから脱出し落下傘降下したが、救助班が着地点に到着した時にはすでに死亡していた。

西部戦線電撃戦に備えた第III飛行隊の前進基地は、ルクセンブルク国境に近いフレシュヴァイラーだった。第7中隊の「白の2」が次の出撃の準備のため給油を受けている。

4月30日にはそれとほぼ同じ地区、3国国境交差点(ドライレンダーレク)(フランスとドイツの国境線がルクセンブルクの南の先端と交差する地点)と呼ばれる地区の南方で、3./JG2のルードルフ・プフランツ少尉がフランス空軍のポテーズ63に射弾を命中させた。その結果、この機は墜落したが、ヘルムート・ヴィックとヨグスト・ハウエンシルトもこの双発偵察機に命中弾を与えていたので、公式にはこの中隊の協同撃墜と判定された。

電撃戦開始が数週間後に迫った頃、JG2指揮下の部隊はフランクフルトから、いずれ戦闘が拡がる地域に近い前線飛行場に移動した。航空団本部と第I飛行隊はモーゼル河の西、ヴェンガーロールとバッセンハイムの間の線に展開し、4月の初めにマグデブルクからフランクフルトへ移動して来ていた第III飛行隊は、ドイツとルクセンブルク国境に近いフレシュヴァイラーに基地を移した。

JG2は西部侵攻作戦の戦線の南半分を担当する第3航空艦隊の指揮下に入っていた。第II飛行隊がまだ航空団主力と合流しておらず、この飛行隊不足を補うため、フォン=ビューロウ=ボトカンプは臨時に配属されたI./JG76を指揮下に置いていた。シェルマン大尉のII./JG2はノルトホルツからミュンスターに移動し、侵攻作戦の初期には、戦線の北半分を担当する第2航空艦隊指揮下のJG26に臨時配備されて戦うことになっていた。

このようにフランス侵攻の準備は整えられた。そのフランスは、その後の4年間にわたって、「リヒトホーフェン」戦闘航空団の本拠地となったのである。

西部戦線、電撃戦開始

1940年5月10日の早朝、三発輸送機、Ju52の大編隊の波がオランダとベルギーの領空に侵入した。いずれも降下猟兵を乗せるか、またはそれを乗せたグライダーを曳航していた。これらの将兵は北側の戦線から侵攻するB軍集団の先頭部隊だった。西部戦線侵攻作戦は巨大な挟撃作戦であり、その右側面の兵力であるB軍集団の行動は二重の目的を狙って計画された。

オランダとベルギーの国境防御戦を突破して南へ進撃すれば、それに対応して、フランス北西部のベルギー国境沿いに配備されているフランス軍2個軍と英国大陸派遣軍(BEF)が、要塞に近いほどの堅固な陣地線を離れてベルギー領内に北上して来るという「おびき出し」を図ったのである。この兵力が北上すれば、その南東方に長く延びているマジノ線沿いに配置されたフランス軍主力との間に、危険なギャップが生じるはずであり、それがドイツ軍の狙いだった。

II./JG2 (臨時にJG26の指揮下に置かれていた)は戦線北部での作戦の支援に当たる戦闘機隊の一部として、作戦第1日目に輸送機や爆撃機の編隊を

臨時にJG26の指揮下に置かれたII./JG2は、5月の中頃、ティルレモンでこの「白の12」の写真が撮られた時、ベルギーを横断する連続前進の半ばまで来たところだった。テントの前に山積みされた装備品と叉銃(さじゅう)された8挺ほどのライフルに注目されたい。その間を下着姿で歩いている人物は、普段は服装をきちんと整えるハンス・「アッシ」・ハーンである。

「戦闘機の日」に続く2週間の内に、JG2は100機以上の撃墜戦果をあげ、後に有名になる多くのパイロットが戦果記録を延ばし始めた。誰であるか不明だが、この第3中隊の「黄色の9」を操縦しているパイロットも、すでに垂直尾翼に4機撃墜のバーをつけている。これは前年のクリスマスの「カフェ・アルシャンボー」の写真(29頁)に写っている「モッティ」という機名の「黄色の9」と同じ機かもしれない。

護衛する任務で出撃を重ねた。2日目の5月11日、ミュンスターからオランダ国境に近いハムミンケルンの臨時飛行場に移動し、飛行隊長シェルマン大尉が飛行隊の初戦果をあげた。クーリーの近くでハリケーン1機を撃墜したのである。

それ以降、Ⅱ./JG2は地上部隊の前進を追ってベルギー領内の飛行場を次々に移動した。14日に移動した先、ペールは初めての占領地内の飛行場だった。72時間後には50km離れたティルレモン(ブリュッセルの東)に移動した。しかし、その基地にいたのは1週間あまりに過ぎず、5月25日にはフランス国境に近いグラングリーゼ(ケヴォーキャン)に進出した。

5月14日、4./JG2はルーヴァン地区の目標攻撃に向かうHS123複葉地上攻撃機の編隊の護衛に出撃し、中隊長──着実に行動するハンス・ハーン少尉──が第607飛行隊のハリケーン2機を撃墜した。この中隊の下士官パイロット、カール=ハインツ・ハーバウアーが3機目のハリケーンを撃墜し、ジークフリート・シュネル曹長が第Ⅱ飛行隊で唯一のフランス機──ブロック152だといわれる──撃墜を記録した。

その5日後、第4中隊はふたたび空戦の最先頭に立った。19日の午後の早い時刻、この中隊はHe111爆撃機の護衛任務に当たり、この時、ハンス・ハーン──数日前に中尉に昇進していた──とユーリウス・マイムベルク少尉が各々1機のハリケーンを撃墜した。

しかし、驚くには当たらないことかもしれないが、第Ⅱ飛行隊の撃墜スコアのトップは経験豊富な飛行隊長、ヴォルグガング・シェルマンだった。彼はすでにこの時期に、コンドル部隊であげた1ダースの戦果の上にハリケーンとライサンダー各2機を加えており、その後に西部戦線電撃戦のこの段階のⅡ./JG2の最後の戦果となる3機を撃墜した。5月31日にスピットファイア1機、6月1日にライサンダー1機、その翌日にスピットファイア1機、いずれもダンケルク地区での戦果である。

BEFの不運な作戦、ベルギー進出は惨敗とダンケルクからの海路撤退に終った(フランス軍とベルギー軍の将兵も含めて34万名が脱出した)。そこまで

このパノラマ風の忙し気な情景はⅢ./JG2が使用した発着場のひとつ──シャルルヴィルの周辺と思われる──の一部である。この時、第Ⅲ飛行隊は、機甲部隊の急速な前進の後を追って、蛙跳びのようにフランス内を移動していた。拡がった野原に無造作にBf109と車両が転々と置かれ、連合軍の航空攻撃に対する警戒感などまったくないようである。カモフラージュはおしるし程度（稜線のあたりの2機のエーミールの機首に木の枝が置かれている）であり、唯一の対空防御は画面左側のKfz.12アドラー装甲車に装備された機銃1挺だけである。

の25日間の戦闘で、Ⅱ./JG2の戦闘による人的損害は、パイロットの負傷数名があったが、戦死は5月27日の出撃から帰還しなかった第5中隊のヴィルヘルム・シェテリク少尉だけだった。

　Ⅱ./JG2がベルギー内で移動した地点をたどってみると、歴史上有名な「シュリーフェン計画」の侵攻ルートと重なっていた。1914年8月、第一次大戦勃発と同時にドイツ皇帝の強力な部隊が、強烈な右フックのようにベルギーを席捲してフランスに向かったのと同じコースだった。英仏連合軍の最高司令部は初めの内、ヒットラーが第一次大戦の際と同じ作戦を取ろうとしているのかと考えたほどである。

　しかし、第一次大戦勃発の時以降、この時期までに、攻撃作戦の方程式には新たに2つの要素が加わっていた。それは航空戦力と、高い機動性をもつ機甲部隊である。ヒットラーの侵攻作戦はまったく予想されていない地域に現れることになっていた。B軍集団のオランダ、ベルギー攻略はそれ自体として劇的な大成功を収めたが、これは西部戦線の作戦全体の中での大がかりなフェイントだったのである。強烈なパンチとなる作戦の中心兵力は、フォン・ルントシュテットのA軍集団の戦車部隊だった。この兵力は「通過不可能」と見られていたアルデンヌの森林地帯を突破して、その南側に出る。そこから、BEFとフランス軍の左翼2個軍がベルギーへ北上した跡に生じた東西に延びる裂け目を利用して、海峡沿岸を目指して西へ急進撃し、英仏連合軍の兵力を南北に分断するように計画されていた。

　A軍集団の先頭に立ったのはフォン＝クライスト戦車群の5個戦車師団だった。これらの部隊の上空援護に当たったのは第3航空艦隊の戦闘機隊であり、その中にはJG2の本部小隊、第Ⅰ飛行隊、第Ⅲ飛行隊と臨時配属されていたⅠ./JG76も含まれていた。

　5月10日0530時、世界中の注目を集めることになるドイツ軍の空挺部隊によるオランダとベルギーへの侵攻作戦が始まった頃、第1戦車師団はほとんど気づかれることなくルクセンブルクに進入した。その日の夕刻には公爵領を横切り、ベルギーの国境防御線を突破していた。フランス軍の騎兵とベルギー軍の猟兵隊自転車兵部隊のわずかな抵抗を受けただけだった。48時間後、機甲部隊の先頭はムーズ河の河岸に到着していた。この河はドイツ軍が

海峡沿岸に進撃するのを阻む障害となる可能性があったが、ドイツ軍はその翌日に渡河行動を開始した。

その時点まで、フォン=クライスト指揮下の5個戦車師団はアルデンヌ地方の森林に覆われた斜面とあまり陽が差さない峡谷に隠されていて、連合軍の重大な航空攻撃を受けることがなかった。この地区のフランス軍の司令官は、彼の担当戦線の向こう側のドイツ軍の動きに狼狽するよりは、戸惑っていたようである。実際に、5月10日から4日の間のJG2の唯一の戦果は、第3中隊のヨブスト・ハウェンシルトが撃墜した好奇心の強いポテーズ63双発偵察機1機のみだった。しかし、5月14日にすべてが大きく変化した。

連合軍の首脳部は彼らの周囲に迫って来た脅威に突然に気づき、すべての航空部隊を投入してスダン地区のムーズ河橋頭堡を攻撃するように命じた。この日、一日にわたり、ほとんど連携のない小出しの航空攻撃が次々に重ねられ、連合軍の爆撃機はムーズ河の両岸を結んで掛けられた鉄舟架橋を破壊しようと努めた。

その日の早朝、英国空軍のフェアリー・バトル単発軽爆が橋を狙ったが、効果はまったくなかった。正午過ぎに、胴体断面が矩形の角張ったアミオ143夜間爆撃機12機がのろのろと上空に侵入したが、爆撃効果は同様に皆無であり、それに続いてフランス空軍の中型爆撃機と地上攻撃機の攻撃が重なった。午後遅くには、英国空軍のAASFが残っている爆撃機全部──バトルとブレニム、合計71機──を投入して、最後の1回の全力攻撃を試みた。

これらの攻撃は散発的であり、間に長い空白の時間が拡がることも多く、攻撃編隊は常に、新たに給弾と給油を受けて渡河点上空で待ち構えているドイツ戦闘機に襲われた。爆撃機編隊について来る護衛戦闘機が最善をつくして戦っても、結果はやはり大量殺戮だった。この日の終わりまでに連合軍航空部隊は89機を撃墜され、ドイツ空軍は5月14日を、「戦闘機の日」という新たな祝日とした。

この撃墜機数の半分近くは、「スペードのエース」の部隊紋章で有名なJG53の戦果である。それに及ばないが、「リヒトホーフェン」戦闘航空団の2つの飛行隊は合計16機撃墜の戦果をあげた。そして、ベルギーの飛行場を次々に移動しながら戦っているII./JG2で、その後に有名なエースになるパイロットたちが最初の数機撃墜の機会をつかんでいるのと同様に、ムーズ河地区の上空での「戦闘機の日」の戦いで、この戦闘航空団の将来の騎士十字章受勲者の数人が撃墜戦果の第一歩を踏み出した。

数例をあげると、第2中隊のエーリヒ・ルドルファー軍曹（最終階級は少佐。222機撃墜）は午後半ばのフランス空軍の航空攻撃に対する迎撃戦で、H-75戦闘機1機を撃墜し、第III飛行隊のエーリヒ・ライエ少尉（後に中尉。118機撃墜）は、1920時にスダンの東12kmの地点で英国空軍のブレニム爆撃機を撃墜した。そ

背景になっている森林からフランス軍の敗戦兵が掃討されると、シニュイ・ル・プティの雰囲気はきわめて気楽になった。右端に座っているパイロット、ヴィリンガー軍曹は、この6カ月後にJG2、500機目の撃墜戦果をあげた。

の日、最後の出撃に参加した部隊のひとつ、1./JG2のヴェルナー・マホルト曹長 (後に大尉。32機撃墜) は、2000時少し過ぎにモラヌ＝ソルニエMS.406戦闘機2機を撃墜した。

　激戦の連続だった5月14日が過ぎ、その翌日は比較的穏やかだった。I./JG2の唯一の戦果は、パウル・テンメ少尉が撃墜したポテーズ偵察機である。少尉は次のように戦闘の状況を語っている。

　「私は飛行隊長 (ロト大尉) とともにスダン地区をパトロールしていた。我々2機には第1中隊の4機編隊が護衛についていた。スダンの南方には陸軍の直協機が1機、旋回しているのが見えた。おそらく道路上のトラックの数を数えていたのだろう。我々は積雲の段の間を飛んだ。時にはその上や下に出ることもあり、その内に護衛の編隊を見失った。

　「雲から300mほど下を飛んでいる時、雲の底から現れて、こちらにまっすぐ飛んで来る双発機を発見した。すぐに、フランス空軍のポテーズだと識別できた。その機は我々の頭上を飛び過ぎ、その時に我々2機を発見したのは明らかだった。しかし、この敵機は、そのまま真っ直ぐのコースで上昇して雲の中に隠れようとはせず、右に針路を変えて逃れようとしていた。

　「飛行隊長はそれを追おうとしたが、逆の方向に舵を切った。私は隊長と逆の方向に機首を向け、すぐに照準器の中に敵機を捉えた。私が目標との距離を詰めて行くと、敵機の機銃手がこちらを狙って射撃し始めた。

　「私は射撃ボタンを押し、接近しながら撃ち続けた。敵の銃手の射撃が止まった。敵機は左に機首を振り、次に右へ振った。私が敵機の胴体を狙って一連射を浴びせると、コクピットの頂部が飛び散った。そこから乗

フランス侵攻作戦はピクニック同様だったわけではない。JG2の損失は3機だけだったが、多くの機がさまざまな程度の損傷を受けた。この第1中隊の「白の5」もその1機である。フランスのどこにでもある麦畑に胴体着陸していて、被害はかなりひどいと思われる。この時期までにJG2の初期のエーミールのカモフラージュはふたたび変更された。元々のヘルブラウの地に手描きの斑点が密度高く塗り加えられて、暗いトーンになった。この機の垂直安定板には撃墜戦果のバーが5本描かれていたが、乱雑に塗り潰されている。パイロットの間の乗機の割り当ての変更があったためかもしれない。

フォン＝ビューロウ＝ボトカンプ司令が整備員の手を借りてカポック救命胴衣と信号弾ピストルを身につけている。彼の乗機も自由気ままな——あまり注意深いとはいえない——斑点塗装を受けている。

5月のある日、出撃から無事にボーリューに帰還した3./JG2のアレクサンダー・フォン=ヴィンターフェルト大尉。地上要員の歓迎を受けている。彼は5月18日から3日連続で1機撃墜を重ねた(ブレニム、モラヌ.MS406, LeO45各1機)。

員ひとりが頑張って外に乗り出し数秒間、片脚が何かに引っかかってもがいていたが、何とか機体から離れることができた。彼の落下傘は私の目の下でうまく開いた。

「ポテーズはそのまま、まっすぐ水平に飛び続けた。私は敵機の横に並び、近い距離からコクピットを覗き込むと、前の座席と後部の座席でふたりが倒れ込んでいるのが見えた。脱出したのはその間の座席の偵察将校だったのだ。私は敵機の後方にもどり、ふたたび一連射を浴びせた。

「敵機の脚と車輪がナセルの外に下がった。機首が下がり、下方の森林に向かって強い角度の降下に入った。私はその後を追って降下した。ポテーズは森の中に突っ込み、樹木をマッチ棒のようになぎ倒しながら滑って行き、やがて爆発して火焔の塊になった。私がその上空を旋回していると、『ブラヴォー』という隊長の声がイヤフォンに入って来た。私の最初の撃墜戦果なのだ」

　機甲部隊の先頭は無事にムーズ河を越えるとただちに、東西に拡がるギャップを通る進撃に移り、その速度を高めて行った。JG2はすでに、モーゼル河沿いの前進基地からベルギーのバストーニュへ移動していた。しかし、48時間後には、地上部隊の急進撃にペースを合わせるために、JG2の2つの飛行隊はもっと作戦に好適な前線飛行場を、フランス内の占領地区で探すように命じられた。テンメ少尉は次のように語っている。

「飛行隊長と私はシャルルヴィル周辺の或る飛行場へ飛んだ。視察のためである。飛行場は爆弾の孔だらけであり、我々は注意深く弾孔を避けて着陸せねばならなかった。残念なことに、この飛行場はすぐに他の航空団(JG27)の機で一杯になり、我々は別の飛行場を探さなければならなかった。シニュイ・ル・プティの近くにフランス空軍の発着場がひとつあった。しかし、そこの周囲には深い森林が拡がっていて、その森にはまだ敵の部隊が多数潜んでいる

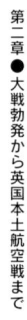

「ブラック・マン」(整備員)と機体修理班は目立つことのないヒーローだった。彼らの作業によって、JG2のBf109は飛び続けることができた。ある日、不時着した9./JG2の「黄色の6」が惨めな姿で基地に運ばれて来た……

……機体を元の通りにする作業がすぐに始められた。換装されるエンジンも準備されている……

……そして「黄色の6」はふたたび飛ぶようになった。これは同じエーミールなのである。オリジナルのプリントを丁寧に見てみると、以前は方向舵のヒンジの線にまたがっていたカギ十字が、垂直安定板に収まっている。

ようだった。

「そこで、私はバストーニュにもどって、兵力10名の特別任務部隊を編成した。私以下のこの隊はJu52でシニュイに向かい、着陸と同時に現地に向かって出発した。我々は機関銃や自動小銃と多少の食糧をもっているだけで、外に味方の部隊はいなかった。この発着場で航空団受け入れの準備を整え、周辺の森林内のフランス軍敗残兵を掃討せよ——これが我々に与えられた命令だった」

テンメと10名の特別任務部隊が周囲の森林を掃討した結果、予想を遥かに超えた大量の獲物があった。軍団司令官1名、師団長3名、フランス植民地軍の将兵200名を捕虜にしたのである。慎重な判断を下すのも勇気のうちの大切な部分だと考え、11名はあたり一面に拡がるフランス機の残骸の中の1機から機関銃2挺を取り外し、近くの農場の建物の最上階にそれを担ぎ込んで、一晩だけの陣地を構えた。その建物の下の階にはこの土地の飲み屋と曖昧宿もあり、その夜もいつもの通りに営業していた。

地上部隊の進撃のテンポが速くなると、JG2の撃墜リストも長く延びて行った。5月17日、第Ⅰ飛行隊はフランスの爆撃機7機撃墜を報告した。4機はLeO45と識別され、残りの3機はLeO451と報告された［LeO45は試作機のみ。エンジンを換装し、LeO451として制式化された］。後者3機は第3中隊のヘルムート・ヴィック少尉が戦果確認を受けた。その24時間後、ドイツ空軍に挑戦し、損害を被ったのは英国空軍だった。ブレニム7機とライサンダー1機が「リヒトホーフェン」航空団のパイロットに撃墜されたのである。

5月19日の戦果は全部戦闘機であり、内訳は英国空軍のハリケーンとフランス空軍のモラヌが半分ずつだった。しかし、この日、人員損失が発生した。第1中隊のヴェルナー・グリュベル少尉がカンブレー地区への出撃から帰還しなかった。

ヴェルナー・マホルト曹長が5月20日の夕刻にペロンヌ上空でブレニムとハリケーン各1機を撃墜し、この戦闘航空団の西部戦線電撃戦開始以来の合計戦果は、これで100機に達した。この大記録達成は空軍公報に発表された

3./JG2のハンス・ティライ1等飛行兵は、5月29日に「ウェストランド・ワピティ」を撃墜したと報告したふたりのパイロットのひとりである（もうひとりは「クー・フォー」・フォテル）。この2機はふたりの初戦果であり、その興奮が型の識別に影響したのかもしれない。彼らが撃墜したのは恐らくライサンダー（この時期、JG2はこの型を多数撃墜している）だったのだろう。このティライの写真は電撃戦開始のすぐ前の時期に撮影された。場所はバッセンハイムと思われる。アンテナ柱のすぐ後方に見える稜線の独特のくぼみが、33頁上段の写真と同じである。

敵機の残骸を調べている第7中隊の隊員。これはフランス戦線で彼らの前に何度も現れたフランス空軍のカーチス・ホークH-75である。

フランスの田園地帯の上空を高い高度でパトロール中の3./JG2の編隊。パイロットは左から右にかけて、フランツ・フィビー少尉、フリッツ・シュトリッツェル軍曹、ヨブスト・ハウンシルト中尉(編隊長)、エルヴィーン・クライ曹長、フランツ・イェニシュ曹長。

(戦後の研究によれば、100機には臨時配属されていたⅠ./JG76の戦果も含まれており、それを除いたJG2自体の戦果は80機前後と思われる)。

5月21日のコンピエーニュ地方での空戦でJG2は9機を撃墜したが、その内の2機はヴェルナー・マホルトが撃墜したモラヌだった。Ⅲ./JG2飛行隊長、エーリヒ・ミクス(博士)少佐もフランスの戦闘機1機を撃墜した。しかし、激戦の中で彼の機も被弾し、火災が発生した。ミクスは負傷していたが、何とか機外に脱出し落下傘降下した。この42歳の第一次大戦以来のベテランは昼間は身を隠し、夜になると歩いて5月23日に味方の戦線にたどり着き、ただちに自分の飛行隊に復帰した。

この時期には、第2戦車師団の先頭部隊がアブヴィルの北あたりで海峡沿岸に到着していた。英国空軍の大陸派遣部隊のフランスからの撤退は始まっており、包囲されたBEFのダンケルクからの大規模な撤退作戦が間もなく開始されようとしていた。

JG2「リヒトホーフェン」が、英国本土の基地の部隊のスピットファイアと初めて交戦したのは、5月27日である。その先の数年にわたって、この戦闘機の優雅なスタイルと楕円曲線の主翼とには嫌というほどお馴染みになるのだが。根気よく日記を書き続けたパウル・テンメは、この戦闘の状況を次のように書いている。

「シュトゥーカがカレーの城塞と沖合いの船舶に対する爆撃に出撃し、私は第2中隊とともにその護衛の任務についた。シニュイ飛行場から海峡沿岸までの距離は220kmもあり、我々が目的地上空で格闘戦に当てることができる時間は少なかった。カレーの上空で我々はブレニム1機と遭遇し、ホフマン少尉が見る間にそれを撃墜した。

「シュトゥーカが船舶に向かって急降下に入った時、英軍のスピットファイアの大群が現れた。我々の8機に対して敵は20機だった。強烈な大乱戦が始まった。スピットファイアは何度もシュトゥーカを攻撃する位置につこうと試みたが、攻撃担当小隊編隊(シュヴァルム)の指揮官、ベトケ中尉は巧みに敵をブロックした。

「私も何度か敵機に射弾を浴びせたが、狙ったスピットは鋭く回避運動に入り、私の照準器の枠から姿を消した。そのすぐ後に、私は2機のスピットの攻撃を受けた。1機は私の後方の位置についた。しかし、このパイロットは射撃の腕が駄目だったので、私はことさらに回避運動に入らず、無線電話で私の列機、ライペルト軍曹に連絡した。私の後方のスピットは、すぐに接近して来た彼の銃撃を撃ち込まれ、火災を起こして墜落して行った。ブラヴォ、ライペルト!

「英国兵(トミー)たちとのドッグファイトがしばらく続いた後、我々の燃料の残量が怪しくなったので、戦闘を打ち切って引き揚げに移った。我々とシュトゥーカの部隊は全機無事に基地にもどった。戦果は5機で、その内の1機は私の戦果だった!」

I./JG2と戦ったのは英国空軍第19飛行隊と推測される。この部隊はスピットファイア4機をカレー周辺の上空で失い、被弾した1機がケント州の海岸近くで不時着している。

その日の午後、テンメはふたたびカレー上空に出撃した。この時は第1中隊と一緒に飛んだ。この出撃でかれは2機目のスピットファイアを撃墜した。この日の夕刻までに、I./JG2は合計10機のスピットファイア撃墜を報告した(それに加えて、ホフマンが撃墜したブレニム1機もある)。III./JG2はアミアン上

フランツ・フィビー少尉は6月6日、ヘルムート・ヴィックの列機の位置で飛んだ時、初めて撃墜戦果(ブロック戦闘機)をあげた。41頁のハンス・ティライの写真と同じく、電撃戦の前──1月の内──に撮影され、同じ機のコクピットの縁に同じようなポーズで座っている。この「黄色の13」は第3中隊の予備機であり、このような写真撮影によく使われたようだ。フィビーの足元の落下傘バックがもっともらしい感じを高めている。

空でモラヌ2機を撃墜しただけであり、第Ⅰ飛行隊に大差をつけられた。

その後の48時間は小休止状態であり、5月29日の夕刻、2名のパイロットが撃墜した2機——まったく不思議なことだが、ウェストランド・ワピティだと報告された——がJG2の戦果となった[ウェストランド・ワピティは複葉固定脚の汎用機。主にインドなど植民地治安維持に使われ、英国本土の予備飛行隊で使用された機は1936年に退役していた]。

歴史に残る大作戦、ダンケルク撤退が終わりに近づくと、ドイツ軍の西部戦線侵攻作戦の第1段階、コード名「黄色(ゲルプ)」作戦はほぼ完了まで進んだ。オランダとベルギーは占領下に収めた。英軍兵力の大半を欧州大陸から駆逐した。ここで、大戦略の第2段階、「赤(ロート)」作戦開始が可能になった。フランスの中央部を南西に向かって進撃する作戦である。

1940年6月1日、JG2の第Ⅰ、第Ⅱ飛行隊はシニュイ・ル・プティからラオンに近いクーヴロンに前進移動した。6月の前半、「リヒトホーフェン」航空団の2つの飛行隊は、それ以前と同じパターン——索敵攻撃(フライヤクト)と護衛任務の双方——で戦った。しかし、電撃戦の最終段階のこの時期、彼らが戦う相手——そして戦果——はほとんどフランス空軍機に限られていた。約60機のフランス機が彼らの銃弾によって撃墜された。ハーン、マホルト、ルドルファーなど、これまでに取り上げた将来の大エースたちは、1回の出撃で複数の戦果をあげて、着々と撃墜記録を伸ばして行った。その中でも特に目立ったのはヘルムート・ヴィックである。彼にとってフランス中央部進撃の2週間は、国民的英雄の地位に昇るための足掛かりになった。「赤」作戦は6月3日の「パウラ」作戦——パリ周辺広域の飛行場と軍需工場に対する大規模な爆撃作戦——によって開始された。その日、JG2はフランスの戦闘機7機を撃墜した。しかし、ドイツ空軍の側にも損害が発生した。JG2の以前の航空団司令、フォン=マッソウ大佐(この時は第3戦闘機集団司令官)は戦闘の結果を視察するために、攻撃編隊と一緒に飛んだ。指揮下のパイロットたちの戦いぶりを批判的に評価するつもりだったのかもしれない。

ところが、パリの北方20kmほどの地点で彼のBf109は対空砲火による損傷を受け、フォン=マッソウは落下傘降下する羽目に陥った。無事に着地した彼は、ミクス少佐と同様に、捕虜になるのをうまく逃れ、ドイツ軍の戦線に帰って来たのである。このふたりのベテランは特に頑丈な身体に恵まれていたのだろうか？

6月4日、シェルマン大尉の第Ⅱ飛行隊は、在ベルギーの第2航空艦隊配属を解かれ、ラオンに近いモンソー=ル=ヴァに移動して来た。対英仏戦が始まって以来9カ月もの長い期間を経た後に、「リヒトホーフェン」戦闘航空団は本来あるべき3個飛行隊が一体になる状態を、やっと実現したのである。

JG2に臨時配属されていた、Ⅰ./JG76はフォン=ビューローの指揮下で戦い、それまでに60機撃墜の戦果をあげて来たが、翌5日にJG2から離れて行った。この飛行隊は間もなくⅡ./JG54と改称された。

6月5日と6日は、フランス侵攻作戦の第2段階の中でJG2が格段に高い戦果をあげた日になった。この48時間に敵の首都の周辺の北東部上空で展開された一連の空戦で、JG2の3個飛行隊はフランス空軍機41機を撃墜した。損失は第2中隊のエーバーハルト・フォン=レーデン少尉だけだった。

この2日の戦闘でJG2の合計戦果は200機(約10パーセントは過大報告だった)に達し、ヘルムート・ヴィックは撃墜数を2桁台に延ばした。

6月5日、第3中隊は3回出撃した。その最後の1回はノワイヨン付近の目標攻撃に向かう地上攻撃機編隊護衛の任務であり、その際にブロック151の30機以上の大編隊に遭遇した。そこで始まったドッグファイトは12分に及び、ヴィックはこの空冷星形エンジン装備の戦闘機を4機撃墜した。彼はこの1回の戦闘で撃墜戦果を4機から8機（その外に不確実撃墜機2機がある）に倍増した。

　その翌日、ヴィックは3回出撃した。そして、この日も彼は3回目の出撃で戦果をあげた。その戦闘の模様を彼の列機、フランツ・フィビー少尉が次のように語っている。

「6月6日、我々の小隊（シュヴァルム）は第2中隊の編隊の一部として出撃した。任務はランス地区偵察に向かうDo17の護衛だった。20分ほど飛んだ時、モラヌが接近して来ると通報がはいった。その後は次々にパイロットたちの声が無線電話に入り始めた。『前方、左、同高度にモラヌ6機！』、『右側、高い位置にブロックが8機！』などの声が飛び交った。

「我々は高度3000mから7500mに上昇した。そのあたりは敵機がいなかった。眼下には40機ほどのフランスの戦闘機が見えた。我々は隊長に率いられて太陽を背にした位置につき、攻撃の好機が来るのを待った。敵機は緩い防御円陣旋回を続けていた。ヘルムート（ヴィック）は目標を見定め、翼を翻して降下に入り、『素早く敵のズボンの臭いを嗅いだ』（敵の後方に回り込んだという意味）。しかし、そのフランス機は激しい操作で左に機首を振り、横滑りに入って逃れて行った。私はヘルムートのすぐ後方に続いていて、彼と同様、敵の動きについて行けなかった。

「我々2機は急降下の加速を活かし、エンジンも頑張り続けてくれたのでズーム上昇に移り、降下で失った高度を700mほど取りもどした。

「その間、下の方では敵機がせっせと旋回を続けていた。彼らがそこでどのような展開を期待しているのか、不可解だった。彼らは早めに退却した方が良かったはずだ。

「我々の小隊はすぐにふたたび集合した。フレンツェン（フランツ・イェニシュ曹長）と「クー・フォー」（クルト・フォテル少尉）は掩護の態勢で高い位置に残り、ヘルムートと私は再度攻撃をかけるために降下して行った。

「私は狙ったブロックの後方に接近して行く時、ヘルムートが狙った目標の後方の位置について射弾を撃ち込んでいるのが見えた。そのフランス機は背面姿勢に入った。初めのうち、この機はやられた振りをしていて、すぐに右か左に少し横転して避退するだろうと私は見ていたが、その予想は外れた。この機は何度も激しい横転を重ねた末に、制御不能な急降下に陥って、はるかに下の方の地面に激突して終った。

「私は私の目標、ブロック（152）の後方について追い、射撃も重ねた。この機は緩い左旋回に入った。私はブロックが落ち始めるまで追い続けた。しかし、このボロ飛行機が地面まで

ド・マジャンタ公爵夫人の住居だったボーモン＝ル＝ロジェの町の城館。1943年6月28日にB-17の爆撃によって全面的に破壊されるまで、JG2の航空団本部が使用していた。

6000mもの距離を墜落して行くのにはひどく長い時間がかかった。

「上空で掩護の位置についていた2機も降下して来て、各々ブロック1機を攻撃し始めた。しかし、『クー・フォー』の機は冷却器から冷却液が激しく漏れていた。私は彼に呼びかけた。『危険だぞ！　君の機は白い尾を曳いている。冷却器をやられたんだ』。しかし、追跡に夢中になっている彼の耳には、私の声が聞こえなかったようだった。帰還の途中で彼の機のエンジンが停止し、滑空を続けて何とか基地に滑り込むことができた。

「我々、第3小隊の4機が着陸し、中隊の駐機地区にもどって来て、5機撃墜の戦果を報告すると、隊内は興奮であふれ返った。もちろん、2機を撃墜したヘルムートは、他の3人より大きな歓声を浴びせられた」

6月7日以降、戦域上空で遭遇する敵機の数が目立って少なくなった。6月8日の夕刻、ヘルムート・ヴィックはふたたび2機を撃墜した。ブロックとモラヌ各1機、場所はふたたびランスの上空である。フランス侵攻作戦におけるJG2の対英国空軍戦果の最後の2機も、ヴィックの戦果である。彼は6月9日、ソワッソン付近でブレニム1機（第107飛行隊所属と思われる）を撃墜し、その4日後、プロヴァン地方でバトル1機を撃墜した。それと同じ6月13日、2年後にJG2の航空団司令となる若いパイロット、第6中隊のエーゴン・マイアー少尉が、彼の初戦果であるモラヌ1機を撃墜した。

6月13日はJG2の3つの飛行隊が初めて同じ基地に並んだ日でもあった。この日、ランスとパリのほぼ中間のあたりのウルシー＝ル＝シャトーの飛行場に、3つの部隊が次々に移動して来た。彼らがここを基地としていたのは72時間だけであったが、その間に2./JG2のハインツ・グライゼルト中尉がホークH-75 1機を撃墜した。6月15日の早朝のこの撃墜戦果は、5週前に開始された電撃戦の間に、「リヒトホーフェン」戦闘航空団が撃墜した185機の最後の1機となった。

6月15日、航空団全体が80km南のマリニュイ＝ル＝シャテルに移動した。

I./JG2飛行隊長、ロト大尉は健康がすぐれない状態が続いていたが、6月22日に航空省の職に転出した。彼の後任には第3中隊長、コンドル部隊のベテラン、ヘニヒ・シュトリュンペル大尉が昇進した。その結果、3./JG2のリーダー

フランツ・イェニシュの「黄色の8」（製造番号1588）。彼はこの機で、まだ麦畑だったボーモンに最初に着陸した。彼の個人マーク、「ミッキー・マウス」（スペイン内戦の際、3.J/88でヴェルナー・メルダースの列機として戦った時の記念）が、胴体の機番のすぐ前にはっきり見える。「黄色の8」はあまり格好のよくない着陸で戦歴を終った。1940年10月15日、ホルスト・ヘルリーゲル軍曹がこの機で出撃し、英軍の戦闘機との交戦で被弾してワイト島に胴体着陸したのである。「本来」のオーナーは大いに口惜しがった。

の地位が空席になったが、部隊の将校たちの中にそのポストに打ってつけの人材があった。彼を選任することに、フォン＝ビューロウ＝ボトカンプ司令はまったく躊躇しなかったと思われる。

「ヴィック中尉。貴官を中隊戦闘指揮官（シュタッフェルフューラー）の職に任ずることは、本官にとって大きな喜びである。中隊長（シュタッフェルカピテン）任命の公式辞令は間もなく送られて来るはずである。私は君が新しい任務で十分な成果をあげるように祈っている」

6月25日の0035時、停戦協定が発効した。フランス攻防戦はドイツ軍の勝利で終った。その2日後、JG2はパリの西方70kmのエヴリューに移動した。この飛行場は古くからのフランス空軍の基地であり、十分な施設が整っていたが、JG2はあまりその恩恵を受けなかった。I./KG54のJu88爆撃機がこの基地に配備されることになっていたからである。エヴリューからの移動を命じられた戦闘航空団「リヒトホーフェン」には次の基地が割り当てられたが、それは西に25km離れた小麦畑だった。

3./JG2の中で中隊長、ヘルムート・ヴィック大尉が率いる小隊編隊は、早朝のパトロールから帰還すると、新しい基地の場所を偵察する任務を与えられた。この場所に最初に着陸するというありがたくない役割はフランツ・イェニシュ曹長に回って来た。彼は次のように語っている。

「地図の上にマークされたその場所に接近してみると、それはだだっ広い穀物畑だった。まともな飛行場でないどころか、飛行機が着陸できそうな地面さえも無かった。この畑に何か手を加えようとした形跡も見えなかった。

「私はこの穀物の茂み（地面に立ってみると、丈が1m以上だと分かった）に着陸してみるとヘルムートに通報し、私が何か危険な目に遭わないように、よく見張っていてくれと頼んだ。ヴィックは上空を旋回し、私はできるだけ速度を下げて無事に着陸した。その時になって、やっとドイツ軍のトラック1台がこの場所に近づいてきた」

イェニシュが着陸して滑走した跡には、プロペラが小麦を刈り倒した滑走路状の細道ができていて、上空の3機は次々にそこに着陸した。そのままでは4機は離陸することができなかった。しかし、トラックに乗って来た作業班が広い麦畑を平らに均して――小麦を刈ったのではなく――、その翌日、第I飛行隊が着陸する準備を整えた。

このように惨めな状況でボーモン＝ル＝ロジェ飛行場（近くの都市の名を採った）の使用が始まったのだが、この飛行場はその後、4年にわたって戦闘飛行団「リヒトホーフェン」の根拠地となり、隊員たちにとって精神的な故郷のような場所になった。

飛行場の周囲の森の中には優雅な――ただし鼠がはびこっていたが――城館があり、町には盛り場があって、隊員たちにとっては悪くない環境だった。段々に周囲の樹林のカバーの下に木造の兵舎、作業場や工場の建物が造られ、飛行場の外周誘導路沿いに土と材木の壁で囲った防護駐機場が多数建設され、木造ながら大きな指揮センターと司令部の建物も建築された。

しかし、こうした飛行場の施設の建設は、まだ将来のことだった。この時点では、この部隊にとってもドイツ空軍全体にとっても、もっと緊急度の高い問題が目前に迫っていた。電撃戦の終結とともに、ヒットラーは和平の可能性をさまざまなかたちで打診したが、英国の首相、ウィンストン・チャーチルはそれを撥ねつけて、当面の状況についての判断をわずかな言葉で述べた。

「フランス攻防戦は終った。間もなく英国本土攻防戦が始まる」

英国本土航空戦
(バトル・オブ・ブリテン)

　英国首相の挑戦的な発言があり、ドイツ軍の攻撃開始は間近だという予測もあったにもかかわらず、フランス侵攻作戦の終結からイングランド南部に対する本格的な航空攻撃開始までの間には、短いながら明白な小康状態の期間があった。

　ゲーリング国家元帥は空軍の部隊を海峡沿岸に集結させ始めたが、それは悠長だといえるほどのペースだった。その間に前線航空部隊——JG2の部隊も含めて——は、フランス戦での人員、機材の損耗の補充と将兵の士気回復のために、部隊単位の交替で短い間、本国に帰るぜいたくが許された。

　シュトリュンペル大尉の第Ⅰ飛行隊はベルリンに帰ったという話もあるが、それが本当であったとしても、滞在期間は極端に短かったはずである。この飛行隊は7月の第1週にはボーモン＝ル＝ロジェ基地で作戦可能状態になっていたからである。彼らの最初の海峡越え出撃のひとつは、7月9日夕刻、ポートランドの海軍基地攻撃に向かったシュトゥーカ部隊護衛の任務だった。

　この出撃で第Ⅰ飛行隊は、護衛していたシュトゥーカ1機を、目標地点に近いウォームウェル基地から出撃した第609飛行隊のスピットファイアに撃墜された。しかし、この飛行隊の別の機（スピットファイアⅠ型、R6657。パイロットのP・ドラモント・ヘイ中尉は戦死）を撃墜して、バランスを保った。ドイツ側ではふたりのパイロット——後の高位エース、本部小隊のアントーン・マダー少尉と第1中隊のヴィリ・ラインズ伍長——各々が、ポートランド南方でのスピットファイア1機撃墜の戦果確認が与えられている。ふたりが報告した撃墜時刻もまったく同じ2030時であり、どちらが本当に撃墜したのか判断することはできない。その日以降、長い期間にわたって、第609飛行隊のスピットファイアはJG2が戦闘を交える相手となった。

　それから1週間あまり後、7月17日にヘルムート・ヴィックが英国本土航空戦での初戦果をあげた。ブライトンの沖合いで撃墜したスピットファイア1機である。この機が第64飛行隊のP9507であることはほぼ確実である。負傷したドン・「バッチ」・テイラー中尉は乗機をヘイルシャムに不時着させた。かれは船団上空パトロールの任務についており、短い交戦の間、彼の機に命中弾を浴びせた敵機を視認していないと報告している。

　その翌日、第Ⅰ飛行隊本部小隊のハインツ・グライゼルト中尉はワイト島沖でスピットファイア1機を撃墜したと報告した。第Ⅱ飛行隊は海峡の大陸側、フランス沿岸で戦闘を展開した。飛行隊長シェルマン大尉とヴィリ・メルハート伍長は、ル・アーヴル沖に接近したブレニム写真偵察機（いずれも第236飛行隊所属）を各々1機撃墜した。

　それに続くJG2の戦果4機はいずれもブレニムであり、空域はル・アーヴル沖合いだった。第4中隊のジークフリート・シュネル軍曹は、7月29日と30日の連続2日間にわたって1機ずつを撃墜した。8月2日には、I./JG2の飛行隊副官となっていたパウル・テンメ中尉が次の戦果をあげた。

この7./JG2の初期型のエーミール（E-1の機体にE-4のキャノピーが装着されている）では、スポンジ（？）を使って斑点を塗ったカモフラージュと、この中隊のマークが目立っている。このマークが生まれたのは電撃戦開始より前、英国の首相がまだチャーチルではなく、チェンバレンだった時であり、7./JG2の合い言葉——「天使が親指でチェンバレンのシルクハットを潰す」というような意味の韻文——に基づいた図柄である。

8月13日、パウル・テンメ中尉の乗機はハリケーンとの交戦で被弾し、彼はショアハム飛行場に隣接する麦畑——飛行場は後方の鉄道の土手の向こう側にある——に胴体着陸した。テンメのBf109E-4はキャノピーが無くなり、プロペラは曲がっているが、それ以外はまったく完全な状態であるように見える。

8月の末近くにJG2のBf109は今でも有名な「黄い鼻」の派手な塗装で身を飾り始めた。ル・アーヴル／オクトヴィル飛行場の樹林の縁で陽の光を浴びているこの第Ⅲ飛行隊の機は、カウリングとスピナーを黄色に塗ったばかりで、ペンキのにおいが伝わってきそうな感じである。

「本部小隊の3機編隊の離陸の順番は最後だった。私は3番機の位置についていた。ル・アーヴルの上空を旋回している時、200mの高さの雲の底部から突然にブレニム1機が姿を現した。その機はすぐに、こちらの動きをかわして、雲の覆いの中に逃げ込もうと試みた。私はその機を追ったが、一瞬、あれはJu88ではないかとの疑いが頭をかすめた。

「その機は雲の中に姿を消したが、私は追い続けた。敵の後部銃手が射撃を始め、こちらも撃ち返した。敵機はふたたび姿を消しかかったが、私は追い続けて撃ち続けた。なんてことだ！　機関砲が故障だ！　しかし、その時、イギリス野郎の右のエンジン(エングレンダー)が焔に包まれた。

「ブレニムはふたたびカバーになる雲に入って行った。この時、私はそれ以上追わなかった。あれは、それほど長くは飛び続けられないと判断したからである。間もなく、この機が火焔を曳いて錐もみ降下して行く姿がみえた。この機はル・アーヴルの大通りに墜落し、爆発して炎上し、私は近い距離でそれを見ていた。燃え上がる燃料が道路の側溝と路面電車の線路沿いに流れていた。数分後、搭載していた爆弾が引火誘爆を起こし、周囲の建物に大きな被害を拡げた」

テンメは着陸後に自動車で墜落地点に行ってみた。形が残っているのは2基のエンジンだけだった。彼が恐れていた通り、民間人に被害が及んでいた、——爆弾の誘爆によって死者が3人あった。

テンメの戦果となった機を英軍の記録の中で探しても、あまりはっきりしない。8月3日、ドイツ空軍の飛行場爆撃の任務で出撃した第139飛行隊のブレニム1機が帰還せず、海峡上で行方不明になったと判断されており、これが最も近い条件の損失機である。8月4日の午後、第1中隊のルードルフ・テシュナー軍曹がル・アーヴル北方で撃墜したと報告したブレニムについては、英軍の記録とはっきり照合できる。これも第236飛行隊の機であり、3週間ほど前に撃墜された同じ隊の2機よりは強運で、テシュナーの銃弾で激しい損傷を受けたが、本土まで何とか飛び続けることができた。

同じく8月4日、ミクス(博士)少佐

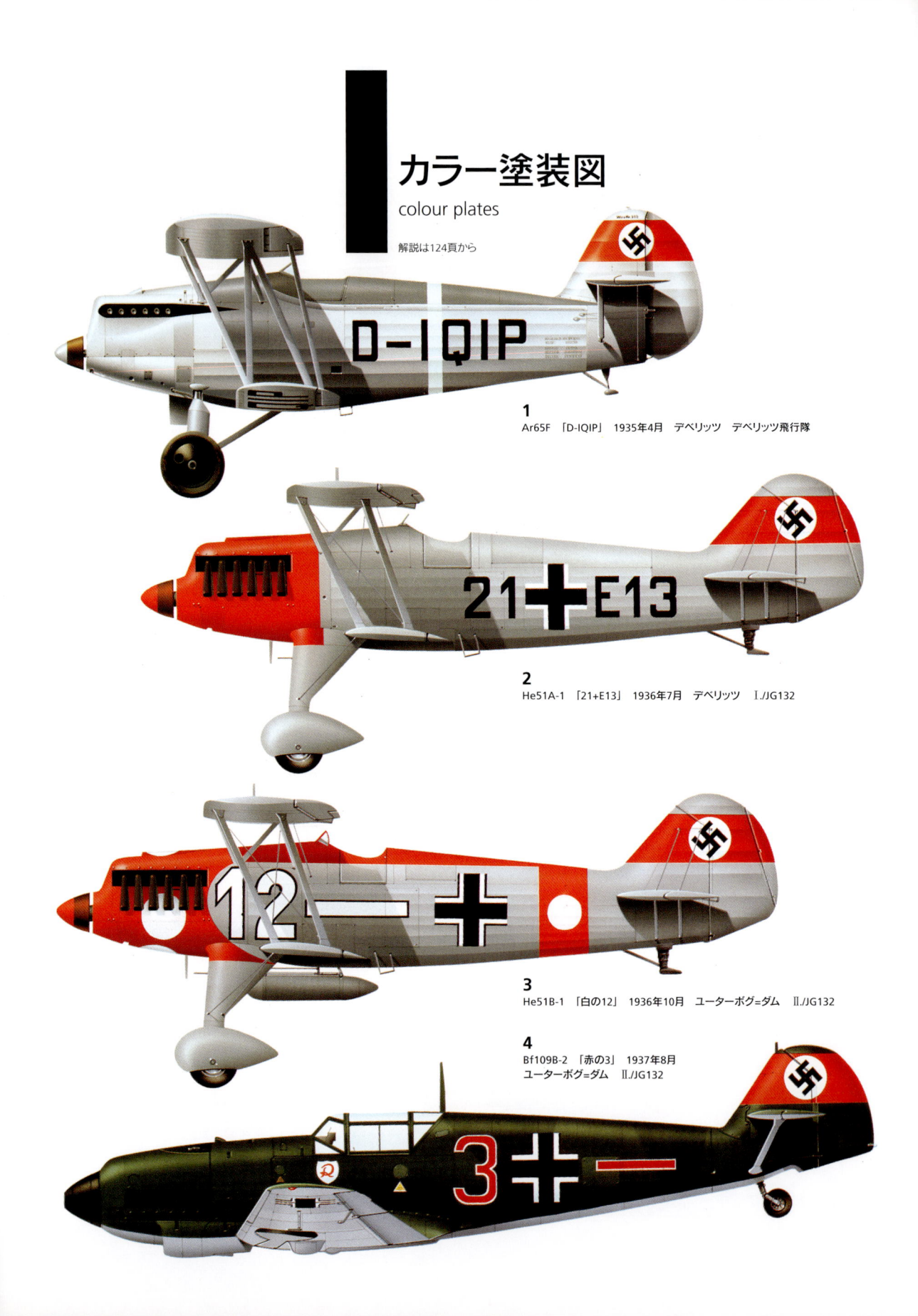

カラー塗装図
colour plates

解説は124頁から

1
Ar65F 「D-IQIP」 1935年4月 デベリッツ デベリッツ飛行隊

2
He51A-1 「21+E13」 1936年7月 デベリッツ I./JG132

3
He51B-1 「白の12」 1936年10月 ユーターボグ=ダム II./JG132

4
Bf109B-2 「赤の3」 1937年8月 ユーターボグ=ダム II./JG132

5
Ar68E 「黒のシェヴロン」 1938年9月
フュルステンヴァルデ Ⅲ./JG132飛行隊本部小隊

6
He112B-0 「黄色の5」 1938年9月 ライプツィヒ Ⅳ./JG132

7
Bf109D 「白の11」 1939年9月 シュトラウスベルク 10.(N)/JG2

8
Bf109E-1 「白の5」 1939年9月
デベリッツ 1./JG2 パウル・テンメ少尉

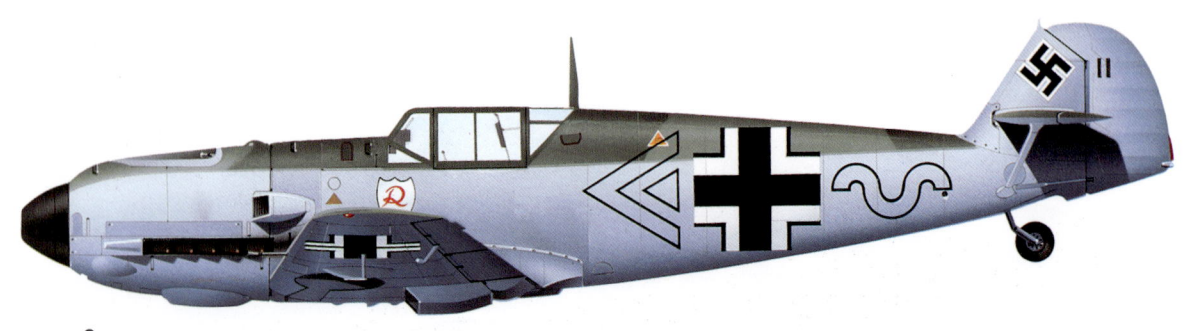

9
Bf109E-3 「二重シェヴロン」 1940年5月
フランス戦線 III./JG2飛行隊長 エーリヒ・ミクス(博士)少佐

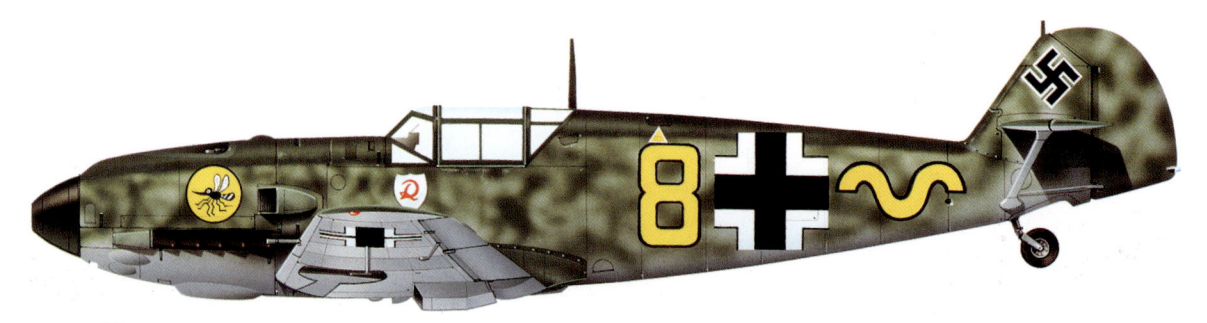

10
Bf109E-3 「黄色の8」 1940年8月 ル・アーヴル／オクトヴィル
9./JG2 ルードルフ・ロテンフェルダー少尉

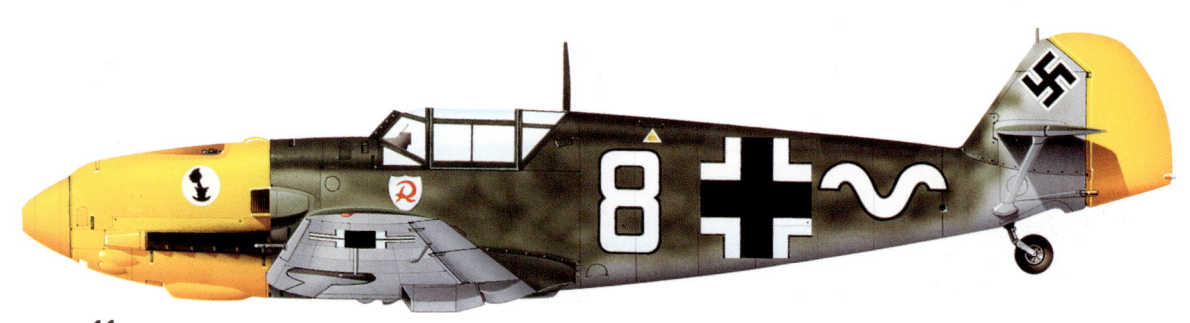

11
Bf109E-3 「白の8」 1940年9月 シェルブール＝テヴィル
7./JG2 クルト・ゴルツッシュ曹長

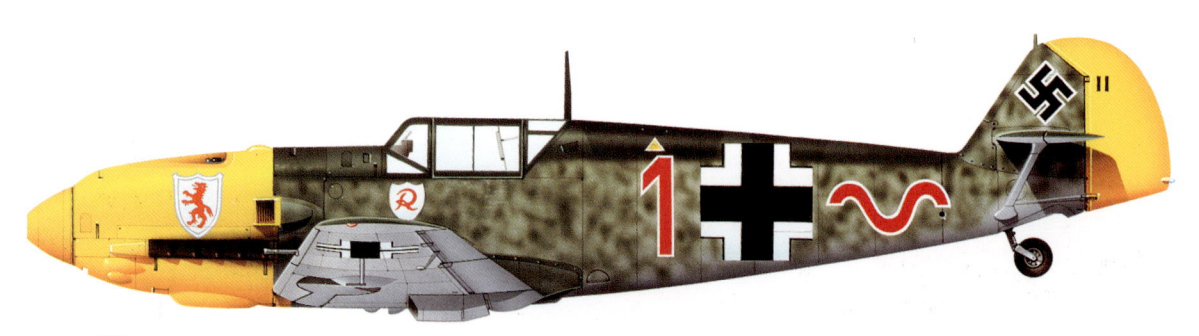

12
Bf109 E-4 「赤の1」 1940年9月 ワイエ＝ブラジュ 8./JG2

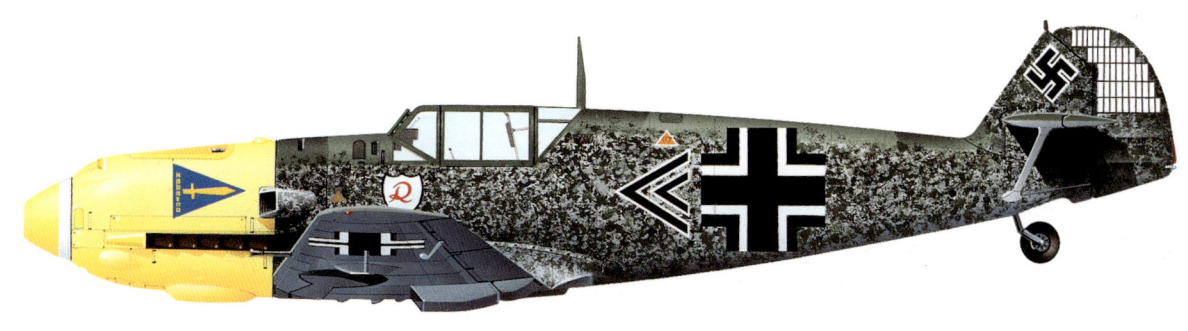

13
Bf109E-4 「黒の二重シェヴロン」 1940年10月 ボーモン=ル・ロジェ
I./JG2飛行隊長 ヘルムート・ヴィック大尉

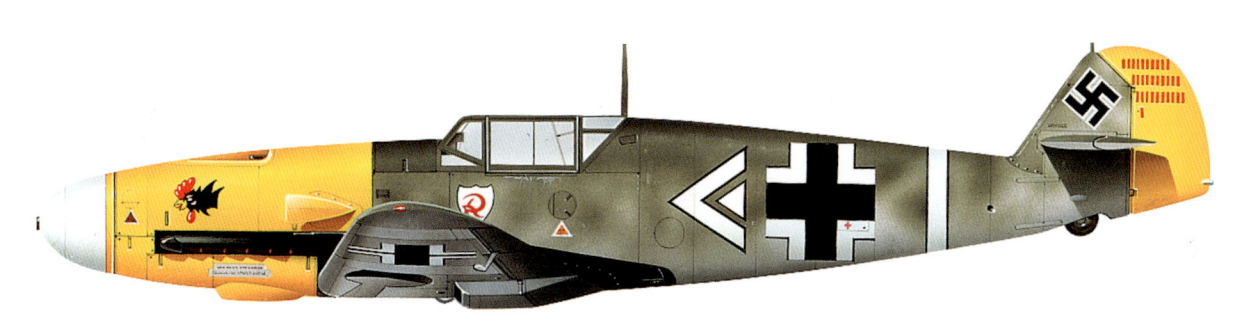

14
Bf109E-7 「白の15」 1941年5月 カン=ロカンクール
7./JG2中隊長 ヴェルナー・マホルト中尉

15
Bf109F-2 「白の二重シェヴロン」 1941年夏 サン・ポル
III./JG2飛行隊長 ハンス・ハーン大尉

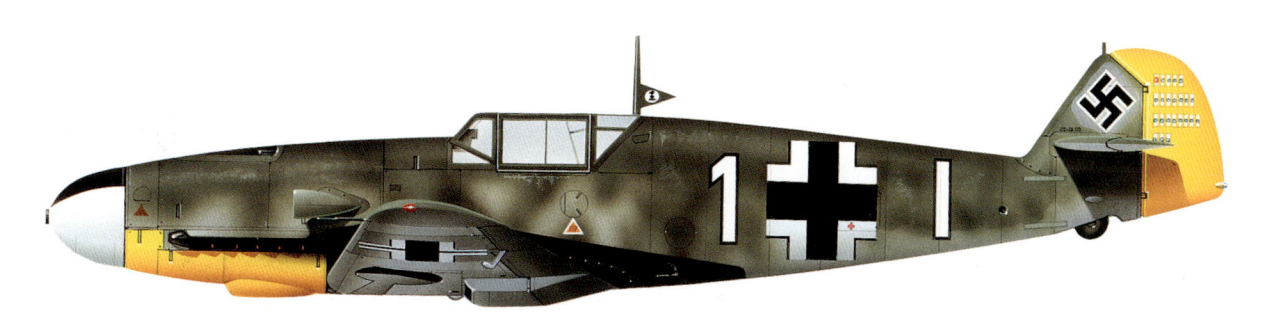

16
Bf109F-2 「白の1」 1941年夏 サン・ポル
7./JG2中隊長 エーゴン・マイアー中尉

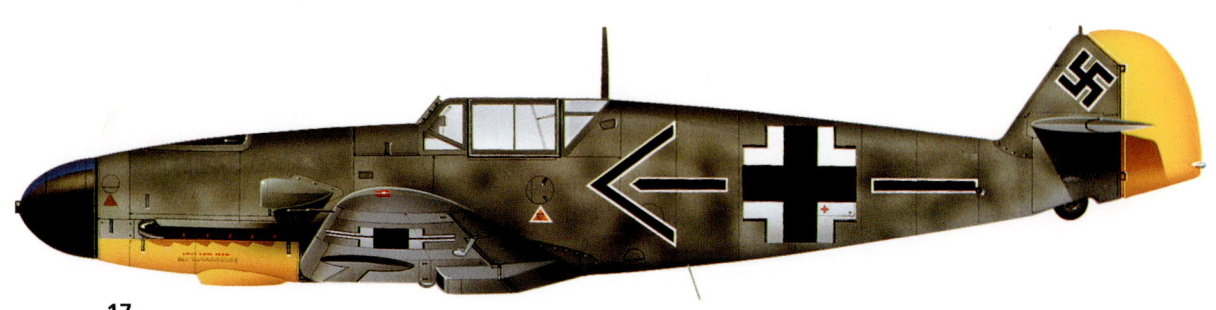

17
Bf109F-4 「黒のシェヴロンと前後のバー」 1941年秋 サン・ポル
JG2航空団司令 ヴァルター・エーザウ少佐

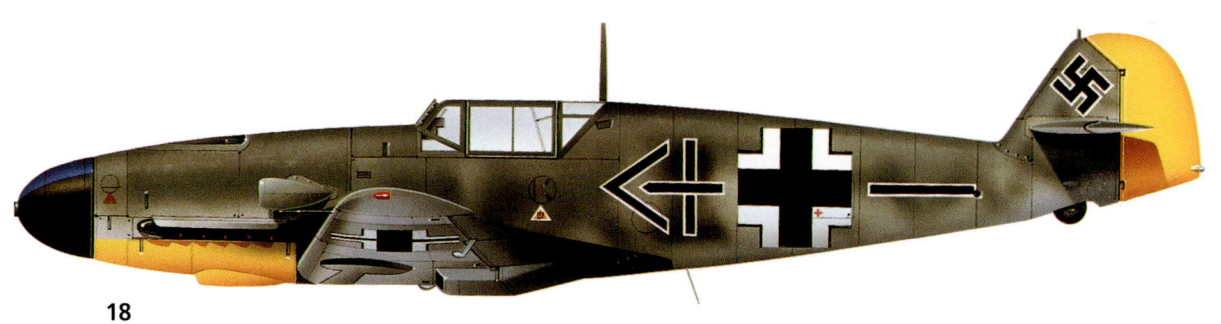

18
Bf109F-4 「黒のシェヴロンと十字のバー」 1941年秋 サン・ポル
JG2航空団本部付副官 エーリヒ・ライエ中尉

19
Bf109F-4 「黒のバー2本と四角い点」 1941年秋 サン・ポル
JG2航空団本部技術担当将校 ルードルフ・プフランツ中尉

20
Bf109F-4 「黄色の9」 1941年秋 アブヴィル=ドゥルカ
6./JG2中隊長 エーリヒ・ルドルファー中尉

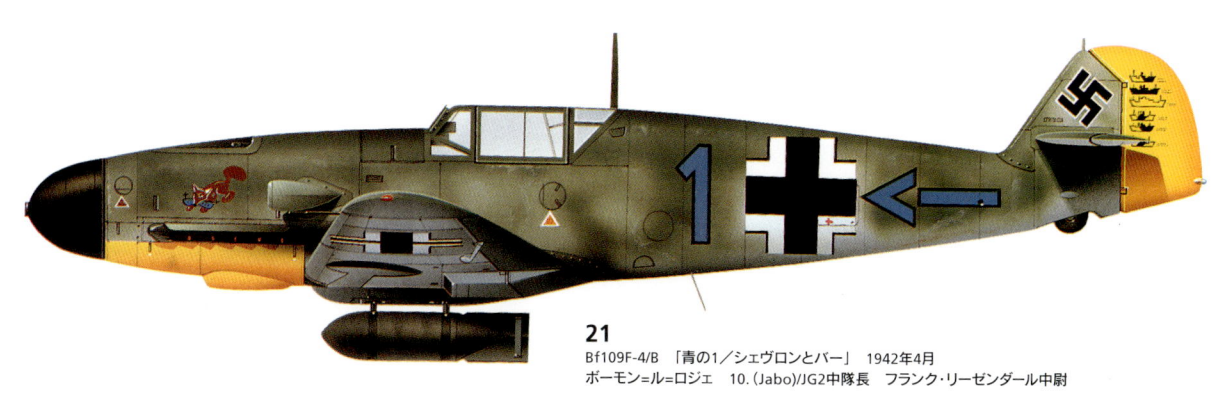

21
Bf109F-4/B 「青の1／シェヴロンとバー」 1942年4月
ボーモン=ル=ロジェ　10.(Jabo)/JG2中隊長　フランク・リーゼンダール中尉

22
Bf109G-1 「白の11」 1942年夏　ボワ
11./JG2中隊長　ユーリウス・マイムベルク中尉

23
Fw190A-2 「黄色の13」 1942年6月　トリクヴィル
3./JG2　ヨーゼフ・ハインツェラー軍曹

24
Fw190A-3 「黒の十字バーとバー」 1942年夏　トリクヴィル
JG2本部小隊　フーベルト・フォン=グライム少尉

25
Fw190A-3 「黄色の1」 1942年8月 ボーモン=ル=ロジェ
6./JG2中隊長 エーリヒ・ルドルファー中尉

26
Fw190A-3 「白の二重シェヴロン」 1942年9月 ボワ
Ⅲ./JG2飛行隊長 ハンス・ハーン大尉

27
Fw190A-4 「白の1」 1942年12月 チュニジア ケルーアン
4./JG2中隊長 クルト・ビューリゲン中尉

28
Fw190A-4 「黒の二重シェヴロン」 1943年1月 チュニジア ケルーアン
Ⅱ./JG2飛行隊長 アードルフ・ディックフェルト中尉

29
Fw190A-4 「黄色の4」 1943年2月 ヴァンヌ
9./JG2中隊長　ジークフリート・シュネル大尉

30
Fw190A-4 「黒の長方形とバー2本」 1943年2月 ボーモン＝ル＝ロジェ
JG2航空団司令　ヴァルター・エーザウ中佐

31
Fw190A-4 「黒の1」 1943年春 トリクヴィル
2./JG2中隊長　ホルスト・ハニヒ中尉

32
Fw190A-5 「白の二重シェヴロン」 1943年春 シェルブール＝テヴィル
III./JG2飛行隊長　エーゴン・マイアー大尉

33
Fw190A-4 「緑の13」 1943年6月 ボーモン=ル=ロジェ
JG2航空団司令 ヴァルター・エーザウ中佐

34
Fw190A-6 「黄色の2」 1943年9月 ヴァンヌ
9./JG2中隊長 ヨーゼフ・ヴルムヘラー中尉

35
Bf109G-6 「白の2」 1943年秋 エヴリュー 4./JG2所属

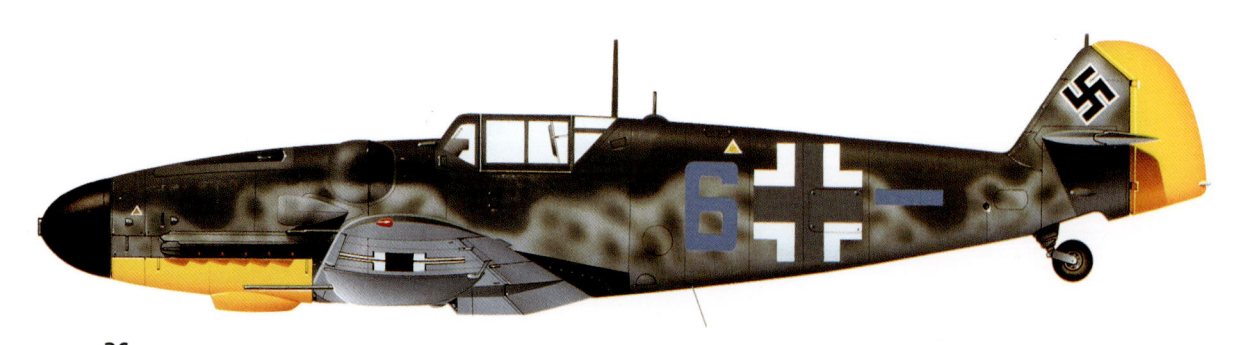

36
Bf109G-6 「青の6」 1944年4月 クレーユ 8./JG2

37
Fw190A-8 「黒の2重シェヴロンとバー2本」 1944年6月 クレーユ
JG2航空団司令 クルト・ビューリゲン少佐

38
Bf109G-14 「黒の8」 1944年12月 エティングスハウゼン 5./JG2

39
Fw190D-9 「黄色の11」 1945年3月 シュトックハイム Ⅱ./JG2

40
Fw190D-9 「白の4」 1945年5月 シュトラウビング JG2

第2戦闘航空団（JG2）の部隊紋章とマーク

1
JG2「リヒトホーフェン」
Bf109B、C、D、E、Fの風防の下に描かれた。

2
Ⅲ./JG2（第Ⅲ飛行隊）
Bf109FとFw190Aのカウリングに描かれた。

3
1./JG2（第1中隊）
Bf109Gのカウリングに描かれた。

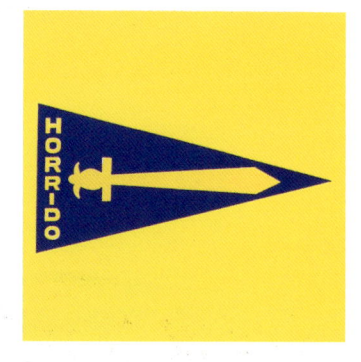

4
3./JG2（第3中隊）
Bf109Eのカウリングに描かれた。

5
7./JG2（第7中隊）
Bf109E/FとFw190Aのカウリングに描かれた。

6
8./JG2（第8中隊）
Bf109Eのカウリングに描かれた。

7
9./JG2（第9中隊）
Bf109E/Fのカウリングに描かれた。

8
10.(Jabo)/JG2(第10(戦闘爆撃)中隊)
Bf109FとFw190Aのカウリングに描かれた。

9
10.(N)/JG2(第10(夜戦)中隊)
Bf109Dのカウリングに描かれた。

10
11.(N)/JG2(第11(夜戦)中隊)
Bf109Dのカウリングに描かれた。

11
12./JG2(第12中隊)
Bf109Gのカウリングに描かれた。

12
I./JG2(第Ⅰ飛行隊)
ヘルムート・ヴィック大尉の個人マーク。

13
3./JG2(第3中隊)
ヘニヒ・シュトリュンペル大尉の個人マーク。

14
3./JG2(第3中隊)
フランツ・イエニシュ曹長の個人マーク。

15
3./JG2(第3中隊)
ヨーゼフ・ハインツェラー曹長の個人マーク。

の第III飛行隊は、1カ月以上にわたってフランクフルトで戦力回復に努めた後、フランスにもどって来た。ボーモンの飛行場は元の小麦畑と同様に面積は広かったが、まだ施設はきわめてお粗末だった。そのため——もしかすると、最近、英国空軍がこの地区についての関心を高めて来たので、それに対応するためだったのかもしれない——III./JG2はル・アーヴル郊外のオクトヴィルを基地とするように命じられた。その飛行場は、それまで緊急任務当番の中隊の前進基地として使われていただけだった。

その1週間後、8月11日、JG2の3つの飛行隊全部が揃って、それまでで最大規模の対英国本土航空攻撃に参加した。目標はふたたびポートランドの海軍基地だった。中継飛行場、シェルブールから、JG2は1055時に離陸開始し、KG27とKG54の爆撃機編隊を先導する位置について、海峡を横断する112kmの距離を飛んで目標に向かった。この航空団の全飛行隊が同時に同じ作戦に出撃するのは初めてのことだった。それからちょうど1時間の内にパイロットたちは、英国本土航空戦の間にJG2が1日で記録したものとしては最大の戦果をあげ、同時に最大の損失を被ることになる。

全編隊の先頭に立った戦闘航空団「リヒトホーフェン」に与えられた任務は、「いかなる損害を被っても、35分の間、英軍の戦闘機を制圧せよ」というものだった。これは、言うことはたやすく、実行するのは難しい命令だった。英国空軍はレーダーによってドイツ空軍の編隊の動きを追跡しており、すくなくとも8個の飛行隊を沖合いでの迎撃に向かわせた。そこで始まった大規模なドッグファイトは、ウェイマス湾全体に拡がった。

他のBf109の部隊が爆撃機部隊の引き揚げの掩護のために到着すると、JG2は戦闘を打ち切ってフランスへの帰途についた。7機が帰還せず、8機目がシェルブール付近で墜落した。飛行隊副官1名と中隊長1名を含む5名のパイロットが戦死、または行方不明となった。

JG2の側の戦果報告は22機に達

Bf109の機首の黄色塗装が終わったすぐ後に、III./JG2は北東方のパ・ド・カレー地区に移動した。これはワイエ=ブラジュ飛行場で9月に撮影されたカール・ハインツ・レダー中尉の第9中隊。黄色に塗られた機首にこの中隊の「蚊」の図柄のマークが描かれている。

後にJG2司令となる、クルト・ビューリゲン(画面中央)は、9月4日にケント州の上空でハリケーン1機を撃墜して以来、高位エースの途を進み始めた。それから2カ月あまり後に撮影されたこの写真では、方向舵の撃墜マークがすでに8つに増している。(8機目は11月10日にポートランドの東方で撃墜したスピットファイア)。

した。これまでにお馴染みになった名のパイロットたちが、この日1機または複数機の戦果をスコアに加えた。エーリヒ・ルドルファーは2機、ヘルムート・ヴィックは3機撃墜を確認された。頑張った新顔もいた。たとえば第8中隊のブルーノ・シュトーレ中尉とクルト・ゴルツシュ軍曹である。前者はポートランド上空で4分間の内にスピットファイア2機を撃墜し、後者は戦闘空域の最も端の方、スワネージ付近でハリケーン1機を撃墜した。

鹵獲したスピットファイアを使って撮ったプロパガンダ用の写真か……それとも、鋼鉄のような神経をもった列機のパイロットが、敵機の後方に廻り込もうとバンクしている長機を、冷静に撮影した写真だろうか？

激戦の中では起こりやすいことだが、敵機の型の識別の誤りがかなり多かった。たとえば、ヴェルナー・マホルトはトマホーク1機を撃墜したと報告したが、英国空軍がこの型を実際に装備したのはその12カ月後だった。そして、ヘルムート・ヴィックは以前の意識が頭に残っていたためか、彼が撃墜した3機はホークH-75だと識別していた。

8月11日の戦闘と比べると、その48時間後の「鷲の日(アドラーターク)」の戦闘はJG2にとってやや物足りないものだった。「鷲の日」の作戦はこの一撃でイングランド南部の上空から英国空軍を一掃し、英国本土上陸の途を開くことを目的としていた。しかし、作戦は目論見通りに進まなかった。8月13日の早朝の悪天候と、離陸開始の時点、または離陸直後になって部隊に伝えられた一連の出撃中止命令——それに従った部隊と従わなかった部隊の両方に分かれた——とが重なって、ドイツ空軍の作戦計画は全面的にばらばらになってしまった。

「鷲の日」の朝、海峡越えの作戦行動に向かった部隊のひとつは、I./JG2の12機編隊だった。ボーモン飛行場を0700時に離陸し、イングランド南部の海岸沿いの地区で索敵攻撃の任務につくために、3つの小隊編隊(シュヴァルム)に分かれて北西方に向かった。パウル・テンメとヴェルナー・マホルトはブライトン付近で各々ハリケーン1機を撃墜したが、テンメの乗機は被弾し（第43飛行隊のハリケーンの攻撃によると思われる）、彼はショアハム飛行場に隣接する麦畑——ボーモン飛行場に似たような場所だった——に胴体着陸した。

その後、2週間にわたってJG2は索敵攻撃と爆撃機護衛の任務で出撃を重ねた。被害は2名が捕虜になった外、4名が戦死または行方不明になり、負傷者の数はもっと多かった。

しかし、航空団全体と個人のスコアの方も延びて行った。8月25日夕刻のウェイマス地区上空の空戦では9機を撃墜した。これでJG2の戦果累計は250機の線を越え、ヘルムート・ヴィックの確認撃墜は20機に達した。20機撃墜はこの時期の騎士十字章授与の基準線だったので、その基準通りに、ヴィック中尉は8月27日に皆の憧れの的であるこの勲章を授与された。彼はJG2の中でふたり目の騎士十字章受勲者だった。ひとり目は航空団司令フォン・ビューロウ=ボトカンプ大佐であり、彼の卓越した部隊指揮に対してヴィックより5日前にこの勲章を授与されていた。

8月26日、He111約50機がポーツマスを爆撃し、護衛に当たったJG2の戦闘機は5機撃墜の戦果をあげた。この日の作戦は約3週間にわたって継続され

た第3航空艦隊の大規模な昼間爆撃の最後の回だった。この間に、3航艦の爆撃機部隊の作戦は、段々にイングランド中部の目標に対する夜間爆撃に転換していたのである。この転換に伴って、第3戦闘機集団司令官麾下のBf109の部隊は臨時に第2航空艦隊の指揮下に移り、イングランド南東部とロンドン周辺広域上空での作戦に参加することになった。この作戦地区変更のため戦闘航空団「リヒトホーフェン」はパ・ド・カレー地区の飛行場から行動することになった。ボーモン=ル=ロジェに配置されていた本部小隊、第Ⅰ飛行隊、第Ⅱ飛行隊はマルディク飛行場へ、オクトヴィルを基地としていた第Ⅲ飛行隊はもっと小さいワイエ=ブラジュ飛行場へ移動した。

　これらの2つの飛行場はダンケルクとカレーの間の海岸近くにあった。ここからの作戦行動を始めた最初の10日間に、JG2のパイロットたちは英国空軍の戦闘機100機撃墜を報告した。英国本土航空戦のクライマックスが近づくにつれて、ケント州の平野とロンドンへのアプローチの上空で激しい空戦が次々に展開され、何人ものパイロットが撃墜スコアを目覚ましく延ばした。この時期に、ヴィック、マホルト、ハーンの3人は各々8機撃墜を記録し、ルドルファー、バートラム、「クー・フォー」・フォテルは撃墜スコアを各々7機延ばした。

　このようなエースたちの撃墜競争の渦巻きの中で、若いパイロットのひとり、クルト・ビューリゲンはまったく目立たない存在だった。この新入りの伍長は9月4日に彼の最初の撃墜戦果をあげた。その後、彼は戦闘実績を重ね、大戦終結までの12カ月にわたってJG2航空団司令の重責を担うことになる。

　JG2の撃墜戦果が延びる一方、やはり損害無しでは済まなかった。1回の戦闘で1機の場合もあり、それ以上になる場合もあった。9名のパイロット──有名なエースたちと同等の技量をもってはいても、不運だった人々──が、海峡のあの狭い幅の距離しか離れていないイングランドからフランスに帰って来なかった。ハリケーンとスピットファイアの激しい迎撃が続いていたためである。

Ⅱ./JG2飛行隊長、ヴォルフガンク・シェルマン大尉の気軽な様子の写真。その後、彼は少佐に進級し、JG2司令に任命された。

ワイエ=ブラジュ飛行場の第8中隊のカモフラージュされた分散駐機場に集合したⅢ./JG2のパイロットたちに、別れの言葉を述べるフォン=ビューロウ=ボトカンプ大佐。

英国空軍の戦闘機軍団の戦力は間もなく崩壊するとドイツ側は予想していたが、その期待は実現しなかった。そして、主導権はドイツ空軍の手から滑り落ち始めた。バイエルン・アルプスの高地、ベルヒステスガーデンの山荘で戦況を見守っていたヒットラーは、すでにかなり遅れている英国本土上陸作戦開始をいまだに決断できずに焦立っており、この状況の責任を背負わせるスケープゴートを求め始めていた。

ヒットラーの怒りの的になるのはヘルマン・ゲーリングであることは明らかだった。このおデブの国家元帥は先手を打った。8月19日に空軍の部隊指揮官多数を集めた会議を開き、対英航空攻撃の効果が不十分であることの原因は戦闘機隊の「戦意不足」であると非難した。それに対する解決策として彼は、いまだに前線の戦闘航空団を指揮している「お年寄」を全部、もっと活力に満ちた若手の将校と入れ替えた。

「卓越した部隊指揮」を認められて騎士十字賞を授与されたフォン＝ビューロウ＝ボトカンプ大佐も、今度は事実上、その能力がないと非難されることになった。この措置による交替の最後の方にまわったが、9月2日に彼もとうとう「ご栄転」となった。彼はJG2の3つの飛行隊各々に公式に別れを告げ、部隊を去った。その後、彼は一連の幕僚職につき、最後には本土防空戦の最も苦しい時期に第5戦闘機師団(夜戦部隊)の指揮をとった。

フォン＝ビューロウの離任とともに、航空団内で一連の指揮官の移動が始まった。後任の航空団司令となったのは第Ⅱ飛行隊長、ヴォルフガング・シェルマン大尉である。彼はコンドル部隊のベテランであり、ガランドやメルダースと同年代であって、戦闘機隊の精神を建て直してくれるとゲーリングが期待をかける将校の典型のような人物だった。シェルマンの後任のⅡ./JG2飛行隊長に

9月の終わりにノルマンディ地方にもどって来たJG2は、このケルクヴィル飛行場も前進基地として使用した。これはシェルブールの外側の海岸に面した場所にあり、以前はフランス軍の陸上機と水上機兼用の飛行場だった(ドイツ空軍はこれをシェルブール西飛行場と呼んだ)。成功を収めた10月の海峡越えの作戦の多くは、ここを発進基地として使用した。空中から見ても(画面中段の半ばから左側に海岸が写っている)……

……地上から見ても(画面後方に海岸がある)、シェルブール西飛行場にはBf109が蜂の巣同様に群がっていたように見える。

は、カール=ハインツ・グライスター大尉が昇進した。8機撃墜の実績をもち、きわめて能力の高い将校である。

8月の内に、他の2つの飛行隊でも指揮官の交替があった。9月7日、ヘニヒ・シュトリュンペル少佐がフュルトの第4戦闘機学校に転出した。彼の移動は、この時もふたたび、彼の部下のひとりが昇進して彼の職を引き継ぐ途を開くことになった。以前に、少佐が昇進して第3中隊長のポストを離れた時、彼の後任になったのがヘルムート・ヴィックだった。そのヴィックが今度はI./JG2飛行隊長に任命されたのである。第III飛行隊のエーリヒ・ミクス(博士)少佐は、第一次大戦以来の戦闘機パイロットの中でいまだに実戦出撃を続けていた最後のひとりだと思われるが、ついに9月24日、飛行隊長の職務をオットー・ベルトラム大尉に引き継いで、転出して行った(しかし、不屈の男、ミクス博士はその後、JG1の航空団司令として第一線に復帰した)。

9月の内に、この航空団の中で新たに3名が騎士十字章を授与された。ヴェルナー・マホルト曹長とハンス・ハーン中尉は基準となっている20機撃墜を達成して受勲した。ヴォルフガング・シェルマンはスペイン内戦で12機、それ以降に10機を撃墜していたが、彼の受勲にはJG2における彼のリーダーシップ――これまでにI./JG2はドイツ空軍の中で最も高い戦果をあげていた――に対する評価の意味もあったと思われる。

ゲーリングは自分が対英航空攻撃の目的達成にどれだけ近づいているか、まったく気づいていなかった。ドイツ空軍はその頃、戦闘機軍団の地区司令部所在の飛行場、ケンリーなど数カ所を攻撃し、「鷲の日」の作戦ではまったく達成できなかった目的――英国空軍の防御態勢を崩壊させること――を実現する一歩手前まで進む効果をあげていた。ところが突然にヒットラーが、爆撃機隊の攻撃目標をロンドンに切り換えるよう命じたのである。ヒットラーはベルリンに初めて投下された爆弾に対する直接的な報復のためにこの命令を出したのだが、これによってドイツ空軍の対英航空攻撃は全面的な失敗に進み始めたと多くの歴史研究者は論じている。

この英国本土航空戦の決定的な転換について、イングランド南東部上空で作戦行動するJG2はほとんど関係が無かった。9月の後半、彼らはロンドン南東方の3つの州の上空で4機撃墜を記録し、同数の機を失った。9月の末より大分前にこの航空団の大半は西へふたたび移動し、第3航空艦隊の指揮下に復帰した。

新たに授与された騎士十字章柏葉飾りを襟元につけたヘルムート・ヴィック少佐。この写真には、びっしり斑点塗装された彼のエーミールの司令乗機を示す二重シェヴロンの前の方に、彼の個人マーク、「小鳥」がはっきりと写っている。

セーヌ湾からポーツマス周辺まで、幅160kmの海峡に面したお馴染みの地区にもどったJG2は、すぐに彼らの存在を英国空軍に強く認識させた。9月26日、ウールストンのスーパーマリン社工場に対する爆撃作戦の掩護に出撃し、サザンプトンとワイト島上空で英国空軍の戦闘機12機を撃墜した。この日、大エースへの途を進み始めた第8中隊のブルーノ・シュトーレ中尉も戦果をあげた。彼に撃墜されたのは第152飛行隊のスピットファイアであると思われ、ワイト島西端のニードルズ岬の南19kmの海面に墜落した。

　それに続く2週間の内に4回、JG2は26日と同じポートランドからセルシーにかけての海岸線の上空に出撃し、パイロットたちはスコアボードの撃墜数を2ダースも高めた。10月5日には、Ju88の2個飛行隊がサザンプトン爆撃に向かい、次の大激戦が起きた。ヘルムート・ヴィックの第Ⅰ飛行隊は護衛として出撃し、ポーツマスの沖合いでハリケーン11機を撃墜したと報告した。ヴィック自身とルードルフ・テシュナー曹長は各々3機撃墜を報告した。そして、第Ⅰ飛行隊は1機の損害も無しに、英国空軍の戦闘機1個飛行隊を全滅させたと判断された。

　基地に帰還して間もなく、ヴィックは電話に出るようにと連絡を受けた。電話の相手は喜びの気持一杯のゲーリングだった。彼はヴィックと彼の飛行隊のパイロットたちに大戦果のお祝いを言うために電話をかけて来たのである。この戦闘の結果はドイツ側の判断とは大違いだった。それを知っていれば、国家元帥はこれほど上機嫌ではなかったはずである。問題のハリケーンの飛行隊、タングミーア基地の第607が実際に失ったハリケーンは1機（P3554）のみであり、操縦していたD・エヴァンズ少尉はスワネージ上空で落下傘降下し、無傷で帰還した。その外に3機が不時着したが、いずれも損傷は修理可能の範囲内だった。

　その日、ヴィックはふたたび出撃し、彼の得意の狩場、ワイト島の南の沖合

1940年10月28日、ゲーリング国家元帥がシェルブール西飛行場で第2戦闘航空団を訪問した。彼と愉快そうに語り合うパイロットたちの中には、ヘルムート・ヴィック（画面で元帥の右側、革のジャケット姿）、ブルーノ・シュトーレ（元帥のすぐ左側、カポック救命胴衣着用）、ヴェルナー・マホルト（元帥と向かい合っている正式軍帽の人物）がいる。このグループを撮った別の写真が、この日からちょうど1カ月後、ヴィックが行方不明になった日に、ベルリンの新聞に掲載された。

いに向かい、そこでスピットファイア2機を撃墜した。この一日で5機の撃墜によって、ヴィックの公式戦果記録は42機に達した。それから24時間後、10月6日に彼は少佐に進級し、騎士十字章に加える柏葉飾りを授与された。彼の柏葉飾り受勲は国防軍全体の中で4人目だった（ナルヴィク作戦の英雄、エドゥアルト・ディートル陸軍中将、空軍のメルダースとガランドに続く）。

航空団司令ヘルムート・ヴィック

この進級からちょうど2週間後、ヘルムート・ヴィック少佐は彼の経歴の頂点に達した。10月20日、ヴォルフガング・シェルマン少佐がJG27の司令の職につくために部隊を離れ、ヘルムート・ヴィックがその後任のJG2司令に補されたのである。彼はドイツ空軍の中で最も若い航空団司令となった。ヴィックが就任とともに出した最初の隊内告示には、彼の決意が十分に現れている。

「国家元帥閣下は小官を栄光ある第2戦闘航空団「リヒトホーフェン」の司令に任じられた。これは小官にとって最高の名誉である、今日、小官は本航空団の指揮官の職を引き継いだ。小官は前任者、シェルマン少佐に特に深い感謝の意を表さねばならない。　少佐は本航空団の伝統を維持しただけでなく、名声と栄光を一段と高めるという、素晴らしい模範を示された。

「小官は自分が担うべき任務と責任を十分に自覚し、諸子各々がこれまで常に示して来た即戦態勢維持の精神をもって、本航空団の先頭に立つ決意である。小官は自ら実行した模範と達成した成果によって、諸子をリードせねばならないと覚悟している。小官は諸子の指揮官であると同時に、最も諸子が信頼する戦友であるべきだと信じている」

その7日後、11月4日、ゲーリングはふたたび来隊した。この時はボーモン＝ル＝ロジェで戦闘航空団「リヒトホーフェン」を公式に査閲するのが目的だった。フォーマルな軍服姿のヴィックと、第3航空艦隊司令官フーゴー・シュペルレを左右に従えて、JG2の隊員を査閲するゲーリング。

ゲーリングのJG2査閲の時までには、英国本土航空戦は——少なくとも英国側の見方では——終結していた。英国の歴史研究者の多くは10月31日に終わったと見ている。しかし、1./JG2中隊長、ヘルマン・ライファーシャイトがそれを聞けば、さぞ口惜しがるだろう。彼は11月1日、ハリケーンの編隊と交戦し、後にエースとなったベルギー人、第145飛行隊のジャン・オフェンバーグ大尉の射弾で機体に損傷を受け、ポーツマスの西方のセルシービルに胴体着陸した。隊内機番「白の9」の前の、中隊長記号シェヴロンが塗り潰されている。

ヴィックは部下の気持を大切にし、よく注意を払う人物であり、それはすでに周囲の人々に知られていた。彼がまだ中隊長だった頃、彼の中隊が第3航空艦隊司令官フーゴー・シュペルレ元帥の検閲を受けた時のことである。将官たちによくあることだが、地上要員たちをもっと身ぎれいにさせるべきだと元帥が発言した。それに対してヴィックはぶっきらぼうに答えた。「彼らは我々の戦闘機を飛べる状態にしておくために、夜も昼も働き続けているのであります。散髪に行くより、その作業の方が重要なのであります！」。

　ヴィックの昇進に伴い、I./JG2の飛行隊長にはカール＝ハインツ・クラール大尉が任命された。彼は下士官パイロットとしてコンドル部隊で戦ったが、戦果は無かった。4月に最初の戦果、モラヌ1機を撃墜した後、その上に1ダースの戦果を重ねていた。

　ヴィックの名声が高くなったためか否か、明らかではないが、JG2は選ばれて10月20日にフランス南西部のモン・デ・マルサンに臨時派遣された。その飛行場での任務は、ヒットラーがフランスのドイツ軍占領地とスペインとの国境で、スペインの独裁者、フランコ将軍と会談する時に、防空体制を敷くことだった。航空団は6日後に海峡沿岸に復帰した。第III飛行隊はボーモン＝ル＝ロジェの西12kmのベルネの飛行場に配備された。この飛行隊が使っていた小規模なル・アーヴル／オクトヴィル飛行場は、JG2に新設された補充要員訓練中隊(エルゲンツングシュタッフェル)の基地にされていた。

　英国空軍は、JG2が短期間フランス南部に移動していた後、海峡沿岸に復帰したことをすぐに察知した。10月27日にワイト島の南東方で、第145飛行隊のハリケーン2機が撃墜されたためである。これは第1中隊の戦果だった。

　その翌日、ゲーリング国家元帥はこの航空団を訪問し、シェルブール＝ウェスト飛行場にある司令部で若くダイナミックな新任の司令と会った。この時に撮影された写真は全国紙とドイツのニュース映画で広く紹介された。

　同じく10月28日には、III./JG2飛行隊長であるオットー・ベルトラム大尉——公式撃墜記録は13機——が騎士十字章を授与され、本国に帰還することを命じられた。これは彼の飛行隊長としての能力、または戦闘機パイロットとして実績を反映したものではない。「オシュ」・ベルトラムは空軍軍人である3

1枚の写真が長々しい記述以上の内容を一目で見せる力をもっていることがある。ここから71頁にかけての3枚の写真は、ヘルムート・ヴィックの流星のような激しい上昇をはっきりと示している。1940年9月初めに撮影されたこの「黄色の2」の方向舵には撃墜マークが22本描かれている。この時期、彼は3./JG2中隊長であり、騎士十字章を授与された……

人兄弟のひとりであり、その内のふたりが任務で倒れたためである。I./JG27飛行隊副官だったハンスは前月にサセックス上空で撃墜され、9./NJG1のBf110夜間戦闘機のパイロットだったカールは、その日の夜、英軍の爆撃機と交戦した後、キール西方で墜落して、いずれも死亡した。

当時のドイツ空軍の規定によって、兄弟の中でひとりだけ生き残っている者、オットーは即時、戦闘任務継続を禁止されたのである。その後、彼は幕僚や訓練部隊の職を歴任し、大戦終結を迎えた。4./JG2中隊長、闘志に溢れたハンス・「アッシ」・ハーン中尉がベルネに移動して来て、第III飛行隊長の職を引き継いだ。

10月最後の数日と11月最初の週——英国の歴史家の多くが英国本土航空戦の「終結」と見ている時期——一杯、戦闘航空団「リヒトホーフェン」は、ハンプシャーからドーセットにかけての海岸線沿いで多数の英国空軍戦闘機を撃墜し、ここは自分たちの領土同様だと見るようになった。

ヘルムート・ヴィックは自分の行動によって隊内に模範を示すと述べたが、それが実質のない言葉ではないことをはっきりと示した。彼の航空団本部小隊(シュタブスシュヴァルム)はほとんどすべての出撃の戦闘に立ち、彼と小隊のレギュラーの列機パイロット2名、エーリヒ・ライエ中尉とルードルフ・「ルディ」・プフランツ中尉は、10月29日の午後の半ばに、ポーツマス付近でハリケーン3機とスピットファイア1機を撃墜した。11月5日には、この3名はポーツマスの北東方でハリケーン3機とスピットファイア2機を撃墜した。その翌日、彼らはハリケーンとスピットファイアの一群、4機と3機をソレント停泊地の上空で撃墜し、その24時間後にはポーツマスの南方でふたたびハリケーン4機を撃墜した。

ヴィックが確認を与えられた戦果は、これらの撃墜の半数を超えていた。11月8日に撃墜したハリケーン1機によって、彼の合計戦果は54機になった。航空団司令の戦果が最も高いことは明らかだったが、他の「リヒトホーフェン」パイロットたちも撃墜戦果を延ばした。その中のひとり、第4中隊のジークフリート・シュネル少尉が、20機目の戦果に対して11月9日に騎士十字章を授与された。この戦果は2日前にワイト島の南方で、数秒の間隔で撃墜された第145飛行隊のハリケーン3機の内の1機だった(他の2機を撃墜したのはユーリウス・マイムベルクとクルト・ビューリゲン)。

11月13日、カール=ハインツ・クラール大尉が騎士十字章を授与された。JG2で8人目、1940年で最後の受勲だった。彼の個人撃墜記録は授与基準の20機より5機少なかったが、彼のリーダーシップの下で第I飛行隊が大きな戦果をあげていることが高く評価されたものと思われる。

11月16日、JG2は新たなマイルストーンに達した。ヴィリンガー曹長が、この日、ポーツマス上空でハリケーン1機を撃墜し、これが航空団の500機目の戦果となったのである。ある資料によれば、ヴィリンガーの戦果とそれから数分内に第III飛行隊が別の2機を撃墜したのは、11月15日だったとされている。残念なことに英国空軍の損失一覧には、その日を確認できる記録は見当た

……10月6日までに、「黄色の2」は消え、その位置に飛行隊長を示すシェヴロンが描かれている。方向舵の撃墜マークは42に増し、彼は柏葉飾りを授与され、少佐に進級していた……

ない。

その時期に続いて2週間近く波乱の無い日々——戦い合う双方とも消耗と疲労を感じたことと、天候不良の両方がその要因だった——が続き、戦果も損失も発生しなかった。それは正に嵐の前の静けさだった。その嵐の波乱は想像を超える激しいものになった。

11月28日の午後、ヘルムート・ヴィックは信頼する本部小隊を率いて、ふたたびワイト島上空に出撃した。ヴィックと彼の列機、エーリヒ・ライエと第3中隊のギュンター・ゼーガー伍長は、各々1機のスピットファイアを撃墜した。団司令の戦果はこの撃墜（第602飛行隊のA・ライアル少尉の機と思われる。彼は損傷した乗機から脱出降下したが、タイミングが遅れ、戦死した）によって合計55機になり、ドイツ空軍全体の中で撃墜記録最高の戦闘機パイロットとなった。その1機手前では、彼は同じく54機撃墜の線でJG51のヴェルナー・メルダースとトップに並んでいた。

ヴィックはこの地位を握ったが、その歓びを彼自身で味わうことができたのは、それから2時間足らずに過ぎなかった。

彼はシェルブール=ケルクヴィルに帰還した時、この日の珍しく良い天候（明るい青空が一面に拡がった素晴らしい冬の日で、視程は無限と思われた）を最大限に生かそうと心を決めていた。ただちに給油と給弾を命じ、それが終わるとすぐに離陸して海峡を越え、前回と同じ空域、ソレント停泊地の周辺に向かった。そこは彼が最近、多数の戦果をあげた空域だった。この回も、そこに到着するとすぐに、迎撃のために上昇して来るスピットファイアの編隊を発見した。司令は列機、エーリヒ・ライエを率いて降下に入り、数秒の内にスピットファイア1機を撃墜した。彼の56機目の獲物は焔に包まれて墜落して行った（第609飛行隊のP・A・バイロン少尉は戦死）。

この撃墜は最後の戦果となった。ヴィックは降下から機首を上げ、強く主翼を傾けて、ほんの一瞬、第609飛行隊の別のスピットファイア1機の針路の正面を横切った。この機のパイロット——通説では英国本土航空戦で7機撃墜を記録したベテラン、ジョン・ダンダス大尉（詳細は本シリーズ第7巻「スピッ

……11月27日に撮影されたヴィックの忠実なエーミールは、胴体に航空団司令の記号、方向舵に54本の撃墜マークが描かれている。そして、その翌日、ヴィックは最後の戦果、2機撃墜を加えて戦死した。

トファイアMkⅠ/Ⅱのエース 1939-1941」を参照）といわれている——は反射的に射撃ボタンを押した。そして、彼の機銃8挺の短く集中的な連射の銃弾は、カモフラージュ塗装の濃いメッサーシュミットに致命的な打撃を与えた。ヴィックは何とかキャノピーを投棄し、脱出降下した。しかし、ひとつだけ空に浮かんだ落下傘は風に流され、ニードルズ岬の南西の海上に向かって降下して行った。これが最後に目撃されたドイツ空軍最高エースの姿だった。

　ジョン・ダンダスも空から消えた。そのすぐ後に、「ルディ」・プフランツによってポーツマス沖に撃墜されたのである。

　ドイツ側は空中と海上で徹底的な捜索——ゲーリングは夜になって魚雷艇隊を出動させ、国際救難信号の周波数を使って英国航空省に情報を求めたともいわれている——が行われたが、ヴィック少佐は発見されなかった。彼の戦死は12月4日に公表された。

chapter 3
フランス西部、空の護り
guarding the ramparts

　ヘルムート・ヴィックの戦死は、戦闘航空団「リヒトホーフェン」の歴史のひとつの章の終わりを示すしるしとなった。それと同時に、実質的に1940年の作戦の終結点となった。それから年末までに、JG2があげた戦果は1機のみであり、死者も1名に留まった。戦果の方では、11月29日の午後に第4中隊の「エーレ」・マイムベルクが英仏海峡上空で所属不明のブレニムを撃墜したが、前日のヴィックの行方不明の騒ぎの中で、ほとんど注目されることが無かった。唯一の死者は、12月30日にオクトヴィル付近での訓練飛行中に墜落した補充要員訓練中隊の不運な下士官だった。

　しかし、ヴィックの戦死は、海峡を挟んだ航空戦の様相のもっと基本的な変化の前触れのようにも見えた。この時期までJG2は成功以外の何物も経験することなく、ベルリンからフランス内のドイツ軍占領地域の最西端まで前進して来た。ところが今や、彼らの前進の前に立ちはだかる者が現れたのである。

　12月20日、スピットファイア2機がル・トゥケ飛行場に掃射攻撃をかけて来た。英国本土基地のスピットファイアが大陸上空に現れることは、6月初めに終わったダンケルク撤退作戦以来途絶えていた。それから3週間も経ない1941年1月9日、3個飛行隊のスピットファイアが並んでフランス沿岸を飛んだ。高高度の進入だったが、きわめて「挑戦的」であることは明らかだった。これは英国空軍戦闘機軍団の新たな方針、「フランスに向かっての前傾姿勢」の出発点だった。

　これまで本土周辺に閉じ込められていた英国空軍戦闘機隊が新たに始め

た攻勢作戦に対して、JG2は激しく戦いを挑んだ。しかし、この戦闘航空団が前年の夏以来ねばり強く戦って獲得したイングランド南部沿岸地区での「自分たちの支配空域」は、段々に崩れて行った。それ以来、数週間、数カ月にわたって、戦闘機軍団の戦力が段々に高まって行くにつれ——そして、フランス西部のドイツ戦闘機隊の兵力の配備が薄く広くなって行くにつれて——、航空戦の「前線」は冷酷にじりじりとJG2の基地群に近づいて来た。「前線」はイングランド南部から海峡中央部へ、そして次にフランス北西部へと移って来たのである。

しかし、1940年から41年にかけての冬は初めの内、歓迎すべき休養と体力回復の機会として、独英双方の戦闘機隊に利用された。これが空白のような期間だったことを示す事実がある。ヘルムート・ヴィックの後任がすぐには任命されなかったのである。それまでは常に、指揮官の職が空席になると、ただちに後任が発令されていた。ところが、この時は、第II飛行隊のカール＝ハインツ・グライゼルトが、別命があるまで航空団司令の職を代行するように命じられたのである。

欧州西部に配置されていた他の大方の航空団と同様に、JG2も短い期間ながらドイツ本国での休暇を与えられた。パイロットたちは気前のよい国家元帥閣下のご好意により、全額官費でアルプスでのスキー休暇を楽しみ、それに加えて新型機、Bf109Fの実物に触れる機会も与えられた（詳細は本シリーズ第20巻「西部戦線のメッサーシュミットBf109F/G/Kエース」を参照）。メッサーシュミット一族に新たに加わったこの型の機は、まだ生産ラインから送り出される数が十分でなく、全部の部隊の装備を同時に改変することはできなかった。JG2の各中隊は春一杯にわたってフリードリヒを一度に少数機ずつ何度も受領し、夏に入って戦闘機軍団が始めた新たな攻勢作戦を迎え撃つ時期には、全中隊が全面的にF型装備に転換していた。

新しい司令

このように戦局と部隊の態勢が新しい段階に進む時に、この航空団の先頭

JG2司令に就任して間もない頃のヴィルヘルム・バルタザル大尉。1941年2月の写真である。彼の在任期間は5カ月にも満たず、7月の初めに戦死した。

に立つ指揮官として選ばれたのは最高の能力をもった将校だった。その男、ヴィルヘルム・バルタザルはコンドル部隊で戦い、共和政府軍機を7機撃墜したエースである。彼はフランス侵攻作戦で23機を撃墜し、この作戦期間の最高エースとなり、この外に地上での撃破13機の戦果もあげた。この戦績に対して、戦闘機隊のふたり目として騎士十字章を授与され、(ひとり目、メルダースの受勲の3週間後)、7./JG27の中隊長からⅢ./JG3の飛行隊長に昇進した。1940年9月4日、カンタベリー上空でのスピットファイア数機との格闘戦の際に負傷した。そして、今や完全に回復したバルタザル大尉は、1941年2月16日、戦闘航空団「リヒトホーフェン」司令の職についたのである。

　1941年の春、海峡沿岸地域のドイツ空軍戦闘機隊の体制は全面的に改編された。英国本土に対する上陸作戦計画はすべて放棄され、ヒットラーの征服意欲は別の方向に向けられていた。まずは南方と南東方(地中海方面とバルカン諸国)に向けられ、次に東方のソ連に向けられた。

　戦闘航空団はひとつ、またひとつと、新たな大作戦に投入をされるために欧州西部を離れて行き、最後に最も歴史が古い2つの航空団が残された。JG2「リヒトホーフェン」と、その血筋から1936年に分かれて行ったJG26「シュラーゲター」である。これら2つの航空団には各々担当地域が割り当てられた。JG26はベルギーの沿岸地区とフランスの海峡沿岸地域の北部の防空を担当し、JG2はフランスの海峡沿岸地域のセーヌ河以西と大西洋沿岸の全体を担当することになった。

　その後の3年間、航空戦が激化の一途をたどる中で、この担当地域区分は変わらなかったが、それは双方の間で流動的に運用された。各々の航空団は必要に応じて、隣の航空団担当地域の飛行場に移動して作戦行動を取った。そして、広い地域を担当するJG2の場合、事態に対応して飛行隊、時には中隊の単位で飛行場の間を移動しながら戦うことが多かった。

　たびかさなる飛行場の間の部隊移動の最初の回は、1941年の春にすでに行なわれていた。第Ⅰ、第Ⅲ両飛行隊はあまり遠くへの移動ではなかった。第Ⅰはボーモンを一時的に離れて、シェルブール＝テヴィルの前進飛行場に移動し、第Ⅲはベルネ基地を引き払って、近くのカン＝ロカンクール飛行場に移った。それとは対照的に第Ⅱ飛行隊は、ボーモンから400km近く離れたブレストに移動した。大西洋に向かって長く西方に突き出したブルターニュ半島の先端にある軍港である。

　Ⅱ./JG2がブレストに移動したのは、そこに2隻の巡洋戦艦、シャルンホルストとグナイゼナウが在泊していたためである。この3万2000トンの姉妹艦は7週間にわたって大西洋で自由に行動し、連合軍の船舶22隻を撃沈した。しかし、英国海軍の艦隊に追跡されるようになり、意表を衝いてブレストの要塞化された軍港に避退した。グリーンランドとアイスランドの間のデンマーク海峡を通り、本国水域に向かう方が危険だと判断されたのである。

　入港から6日後、3月28日に英軍の偵察機が巡洋戦艦2隻を発見した。その2晩後、英国空軍は最初の爆撃を実施し、それから11カ月にわたってこの目標(6月には重巡プリンツ・オイゲンも加わった)に対して、昼間と夜間合計で60回以上の爆撃を重ねた。

　防空体制強化のためにⅡ./JG2がブルターニュに移動したタイミングは良かった。4月1日、ハンプデン11機が初めての昼間爆撃を試みたのである。爆撃機は目標上空が雲で閉されていたため、途中で引き返したが、不運な1機が

第9中隊の新品のBf109F。第Ⅲ飛行隊を示す記号が「波形」から縦のバーに変更されている。この機、「黄色の8」は1941年7月2日、バルタザルのフリードリヒの翼が戦闘中に折れて撃墜した事故の24時間前に、サントメ周辺の格闘戦の中で墜落した。ハインツ・ヤーナー軍曹は脱出降下して負傷した。

第4中隊のゲオルク・ボック軍曹によって、目標の北方20kmの海上に撃墜された。この第144飛行隊の機は、戦闘航空団「リヒトホーフェン」の1941年の初戦果だった。その5日後、第Ⅱ飛行隊はブルターニュ半島でブレニム3機撃墜を報告しているが、所属の確認はできない。

4月の後半にJG2が撃墜した7機の内の3機の撃墜地区を見ると、この航空団の作戦行動がいかに広い範囲にわたっていたか──もっと正確に表現すれば、兵力がいかに「薄く拡げられていたか」──が明らかになる。4月16日にヴェルナー・マホルトがスピットファイアを撃墜したのはドーヴァー海峡上空、クルト・フォテルが4月21日に別のスピットファイアを撃墜したのはワイト島の南方、エーリヒ・ルドルファーが同日にブレニムを撃墜したのはチャネル諸島の沖合いである。

4月21日に1機ずつを撃墜したふたりのその後を見ると、前線部隊のパイロットたちすべてが日々、大きな運命の分かれ目に立たされていたことが明らかになる。「クー・フォー」・フォテルが撃墜したスピットファイアは彼の12機目の戦果だったが、これは彼の最後の戦果だった。それから2週間も経たない5月3日、彼は作戦行動中に死亡した。テヴィル上空での空中衝突によると見られている。一方、ルドルファーは彼の20機目の戦果、ブレニム1機を撃墜し、5月1日に騎士十字章を授与され、その後、大きな戦果を重ね続けて無事に大戦終結を迎えた。

4月18日にヘルムート・シェネマン軍曹がブライトンの沖合いでスピットファイアを撃墜したが、これは補充要員訓練中隊のパイロットの初めての戦果だった。訓練中隊の戦果はその後も延びて、その年の秋にこの中隊がJG2を離れて西部補充要員訓練戦闘飛行隊に編入されるまでに2桁台に達した。

5月17日の夕刻、航空団司令ヴィルヘルム・バルタザルは、JG2の先頭に立つようになって以来初めての戦果をあげた。第54飛行隊のスピットファイア1機を、ドーヴァーとカレーの間の海峡上空で撃墜したのである。48時間後には2機目の戦果──ワイト島の南でブレニム1機を撃墜──をあげた。その数時間前、5月19日の正午を少し過ぎた頃、これまでJG2の伝統的な領分だったポートランド沖合いの空域で、格闘戦が展開された。しかし、ドイツ側の高い撃墜戦果と損害無しの戦闘という1940年当時の状況は、すでに過去のものになっていた。ヴェルナー・マホルトがスピットファイア2機を撃墜したが、

第I飛行隊のエーミール［E型のこと］3機が基地に帰還しなかった。幸い3名のパイロットに死者はなかった。

英国空軍の圧力

　実際に、このようなイングランド南部沖合いでの遭遇戦は、この時期には「いつものこと」ではなくなって行き、間もなく「例外的」なものになってしまった。1941年6月の第2週には、いかにも英国空軍らしい戦い方、「ノン・ストップ」夏季攻勢作戦が本格的に進行していた。前年の12月に2機のスピットファイアによって始められた「フランスに向かっての前傾姿勢」は、見る間に大編隊の出撃に変って行ったのである。

　英国空軍の攻勢作戦はいくつかの戦術パターンによって構成され、その各々にコード名がつけられていた。たとえば「ルバーブ」（大黄という植物）と「ロデオ」は純粋に戦闘機索敵攻撃（両者は出撃機の規模の相違があるだけ）であり、目的はBf109を空戦に誘い出すことだった。しかし、ドイツの戦闘隊は、何の脅威にもならないこの英軍の戦術を無視した。一方、「サーカス」は小規模な爆撃機編隊と大々的な規模の護衛戦闘機兵力（10～20個飛行隊にも及んだ）を組み合わせて出撃する戦術であり、これは狙った効果をあげた。JG2とJG26は各々の担当地域の重要な軍事的目標と工業目標の防空の責任を担っていたので、どれほど少ない兵力であっても、敵の爆撃機が担当地域上空を自由に行動するままにさせて置くことはできなかった。

　このように海峡沿岸地域に対する英国空軍の圧力が強まると、ふたたび戦闘航空団「リヒトホーフェン」は部隊の配置換えを行なった。グライスラー大尉のII./JG2はアブヴィル・ドゥルカ飛行場に配備された。しかし、この飛行隊がここに留まっていたのはわずかな期間であり、5月の初めにはサン・ポル=ブリヤに移動して、航空団本部、第III飛行隊（III/JG2はリジェスクールから移動して来た）と一緒になった。

　6月の後半、フランス北部での航空作戦のテンポは速くなって行き、それが夏の間のパターンになった。JG2の合計戦果はふたたび急速に増加し始め、6月21日から25日までの5日間の撃墜報告は55機にのぼった。しかし、損失も増加して行った。

　6月17日、JG2は初めて新型機、Bf109Fを戦闘で失い、戦死者を出した。第III飛行隊のハインツ・ゾイファート伍長がシェルブール西方の海上に撃墜されたのである。それから1週間も経たない6月23日（この日、バルタザルとジークフリート・シュネルが各々2機撃墜したブレニムも含めて、JG2は12機撃墜の戦果をあげた）、航空団はフリードリヒを実に4機喪い、2機が損傷を受けた。9./JG2がこの日、事実上全滅したといわれていたが、それは誇張された話だと明らかになっている。しかし、この中隊が大打撃を受けたことは確かである。パイロット4名が戦死し、その内の3名が将校であり、8機撃墜の実績をもつ中隊長、カール=ハンス・レダー中尉もそのひとりだった。

戦闘爆撃機隊の出撃、バルタザルの戦死

　「アッシ」・ハーンの第III飛行隊で、レダーはここ2週間の内に戦死したふたり目の中隊長となった。この時期にはJG2の戦闘の大半は海峡のフランス側で展開される状態になっていたが、かなりの数のパイロットはいまだに海峡の向こう岸に戦いを仕掛けようと試みていた。それはヒット・アンド・ラン風の

「ヤーボ」(戦闘爆撃機)によるイングランド南部沿岸への攻撃だった。

標準的な戦闘航空団をこのような作戦に使う考えは、英国本土航空戦が末期に近づいていた頃に始まった。ドイツ空軍の爆撃機隊の昼間爆撃での損害が堪えられないほどに高くなったためである。ゲーリングは戦闘機隊の三分の一を爆弾搭載型に改造するように命じた。各々の戦闘航空団は各々のやり方でこの命令を実施することを許され、JG2の場合は各飛行隊の中の1個中隊の機の胴体下面に爆弾架を装着する方式を取った。そして、第1、第6、第7中隊がこの怪しげな名誉を担ったのだが、なぜ選ばれたのか理由は明らかではない。

ヤーボ任務の出撃は誰もが喜ぶものではなかったが、いったん爆弾を投下すれば、パイロットは通常の戦闘機と同様に自由に飛ぶことができた。この戦い方で最も高い成功を収めたのは7./JG28中隊長、ヴェルナー・マホルト大尉だった。しかし、マホルトは5月19日にウェイマス付近でスピットファイア2機を撃墜し、これが彼の最後の戦果になった。6月9日、同じ地域への低空進入攻撃の際、駆逐艦ブレンカスラの対空砲火がマホルトの乗機のエンジンに損傷を与えた。エンジンはすぐに停止し、やむを得ず彼は海上から内陸に滑空して行き、スワネージの西にうまく胴体着陸して、大戦終結まで捕虜生活を送った。これでJG2の騎士十字章受勲者の損失はふたり目だった。しかし、もっと悪い事態が間もなく起きた。Bf109Fへの装備転換により、この航空団は英軍の新型機、スピットファイアMkV型(詳細については「Osprey Aircraft of the Aces 16 — Spitfire Mk V Aces 1941-45」を参照)に対し優位に立って戦うことができたが、フリードリヒ[F型のこと]の空気力学的に洗練された機体の強度については長い期間疑問がもたれた。初期に表面化した尾部の強度の問題は外板に補強材をリベットで取りつけて解決されたが、その後も原因がはっきりしない喪失機が続いた。6月28日、格闘戦の最中に、JG26のF型の1機の主翼が折れ、撃墜31機のエクスペルテ、グスタフ・シュプリック中尉が戦死した。

その4日後、JG2では司令が確認撃墜40機達成に対して柏葉飾りを授与され、隊員たちの祝福を受けた。しかし、その翌日、7月3日の午後、ヴィルヘルム・バルタザル大尉は「ミッキー」・シュプリックとほとんど同じ状況下で戦死したのである。一群のスピットファイアと交戦中、1525時、彼が敵の攻撃を回避するために錐もみ降下に入った時、乗機、F-4の主翼が折れた。バルタザルは激しく錐もみする機から脱出できなかった。サントメの南東の小さな村落に墜落した乗機から遺体が発見された。

1941年の春の終わりから夏の初めにかけて、英国空軍戦闘機軍団のスピットファイアIIは、フリードリヒとの空戦で大きな損害を被った。9./JG2の駐機地区に置かれたこの大きな「トロフィー」は、その状況を示している。この時期、Bf109Fの機首の黄色塗装はなくなり、コクピットの下の航空団の紋章も消えていることに注目されたい。

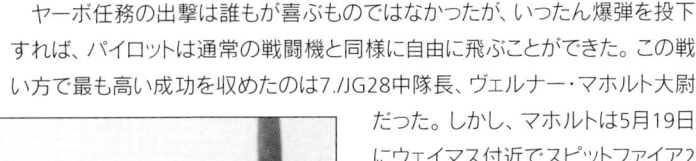

バルタザルは死後昇進で少佐になり、フランドルの第一次大戦戦死者墓地の中で、前大戦で戦死した彼の父の墓の隣りに葬られた。

バルタザルを失ったにもかかわらず、第Ⅱ、第Ⅲ両飛行隊のパイロットたちは激しく戦い続けた。英国空軍の海峡越えの強圧が続いたためである。損失の数は増加して行ったが、いまだにJG2の撃墜数の伸びはそれを遙かに上廻っていた。「アッシ」・ハーンのⅢ./JG2は、激戦連続のこの時期に特に高い戦果をあげた。その中でもふたりの中隊長——ヴェルナー・マホルトの後任の第7中隊長、エーゴン・マイアーと第9中隊長、ジークフリート・シュネル——の撃墜数の急速な延びは華やしかった。

このような「腕達者（エクスペルテ）」たちの大きな貢献もあって、戦闘航空団「リヒトホーフェン」の戦果は第一次大戦で活躍したご先祖の部隊と同じ644機に達したと、国防軍最高司令部が7月8日に発表するに至った。

この日に撃墜された英軍の12機の内、5機はマイアー、3機はシェネルの戦果だった。その翌日、マイアーの撃墜は1機だったが、シュネルは2回の出撃で3機ずつを撃墜した。実に二日でスピットファイア9機を撃墜したのである！これによって彼の合計戦果は35機から44機に延び、「ヴム」・シュネルはただちに柏葉飾りを授与された。

その外、何人かのパイロットたち——これまでにかなり知られている者も、そうでない者もあった——が、その後の2週間の間の内に2機以上の戦果をあげた。しかし、リーダーが欠けたままの本部小隊の7月23日のパ・ド・カレー上空における戦いぶりは目を見張るすばらしいものだった。3機で英軍機15機——エーリヒ・ライエ中尉とルードルフ・プフランツ中尉が6機ずつ、ギュンター・ゼーガー曹長が残りの3機——を撃墜したのである。本部小隊以外のJG2の戦果は16機だった。この日の英国空軍の戦闘による損失はスピットファイア11機である。

四発爆撃機を撃墜

この日、第Ⅰ飛行隊も出撃した。ブレスト＝ギパヴァ飛行場に配備されていたこの飛行隊は、その頃、海峡沿岸の北部の地域で連日激烈な戦闘が展開されている間、比較的平穏な状態を続けていた。この日のJG2の撃墜31機の中で、第1中隊は2機撃墜の確認を得ただけだったが、その戦果のひとつには特別な意味があった。ウルリヒ・アドリアン少尉が撃墜したのは、ラパリス上空に進入したスターリング6機の内の1機、第15飛行隊の「ロジャーのR」（個機記号Rの機）であると思われる。この機はJG2が撃墜した初めての敵軍の四発重爆撃機となった。

第3中隊の2名のパイロットも各々、1機の「ボーイングの爆撃機」を撃墜したと報告した。これらの2機はラ・パリスを爆撃したスターリングの6機編隊の一部だったが、かなりの損傷を被りながらも無事に基地に帰還した。

7月23日、英軍の偵察機が、ブレストの南東320kmのラ・パリスに停泊しているシャルンホルストを発見し、夕刻にはスターリング6機が爆撃に向かった。英国空軍は翌24日に予定していた兵力150機によるブレスト爆撃の計画を変更し、ブレスト爆撃にはウェリントン79機とハンプデン18機を当て、ハリファクス15機によるラ・パリス爆撃を実施した。

24日の午後の早い時刻に爆撃機編隊は2つの軍港に接近した。その中で戦闘機の護衛を受けたのはハンプデンの編隊だけだった。その日は晴天で視

1941年の夏、撃墜戦果は延びたが、パイロットたちの疲労が目立ち始めた。この深刻な表情をしたパイロットは9./JG2中隊長、ジークフリート・シュネル中尉である。彼は7月初めに、2日間でスピットファイア9機を撃墜した。

バルタザルの戦死から4週間後に、ヴァルター・エーザウが東部戦線から転任して来て、JG2司令の職についた。

程は拡がり、「ドイツの戦闘機の迎撃は予想以上に激しく、長く続いた」ので当然の結果が現れた。

　クラール大尉指揮の第I飛行隊のパイロットたちは、作戦があまり多くなかった数週間の不満を一気に解消し、90分の内に爆撃機18機を撃墜した。この戦果報告は英国空軍の実際の損失機数にきわめて近かった。ブレスト空襲部隊ではウェリントン10機が帰還せず、ハンプデンはドイツ側の撃墜報告が3機であるのに対し、実際の喪失は2機だった。ラ・パリス空襲に向かったハリファクスは編隊の三分の一が帰還しなかった。4機については第I飛行隊のパイロットたちは型式識別、撃墜機数ともに正確だった。5機目はシュマレンバーク伍長が「スターリング」と報告した撃墜戦果であると思われる。彼の識別の能力はともかくとして、射撃の腕は確かだった。

　しかし、この戦闘は迎撃側の一方的な勝利とはいえなかった。第I飛行隊はエーミール8機を失い、2機が損傷を受けた。パイロット6名が戦死または行方不明となり、2名が負傷した。人的損害の内、少なくとも3名はハンプデンの編隊と、その護衛との交戦による戦死者だった。エルヴィーン・リハイ軍曹とフリードリヒ・シューマン伍長はハンプデン各1機、ヴァルター・フォック伍長はスピットファイア1機を撃墜したと報告した後、いずれも撃墜されて戦死した。

　負傷者のひとり、3./JG2中隊長ユーリウス・マイムベルク少尉は、ハンプデン1機とウェリントン1機を撃墜した後、胴体着陸した。飛行隊長、クラール大尉も含めて3名がこの日の戦闘で2機を撃墜した。大尉の戦果の1機はスピットファイアであり、第I飛行隊が報告した英軍戦闘機撃墜は合計3機だった。第152飛行隊はスピットファイア2機喪失と記録している。英国本土航空戦で11機撃墜の戦果をあげたエリック・「ボーイ」・マーズ中尉（殊勲飛行十字章受勲）の乗機、スピットファイアMkⅡA P7881はブレスト近郊で撃墜された（英国空軍の記録によれば対空砲火による損失）。

東部戦線からエーザウ大尉着任

　I./JG2が大西洋沿岸で英国空軍の爆撃機と激戦を交えている頃、以前にヴィルヘルム・バルタザルの後任としてIII./JG3飛行隊長になった将校が、2700キロも離れた東部戦線で86機目の撃墜戦果をあげていた。すでに騎士十字章の剣飾りと柏葉飾りと授与されていたヴァルター・エーザウ大尉は東部戦線から移動を命じられて、ふたたびバルタザルの職の後任となり、第2戦闘

航空団「リヒトホーフェン」の司令に就任することになった。

彼は7月29日に着任し、隊員たちへの最初の訓示で次のように述べた。

「マンフレート・フォン=リヒトホーフェンの精神を維持し、歴代の司令、ヴィック少佐とバルタザル大尉が示した模範に従い、諸子とともに、即戦態勢と義務への献身を維持すれば、一層高い成果をあげることができると小官は信じている」

幸運なことに、エーザウは新しい任務と一緒に、それを補佐する仕組みを引き継いだ。それはドイツ空軍の中で疑いもなく最も経験が深く、そして実績のある本部小隊(シュタブスシュヴァルム)である。エーリヒ・ライエ中尉とルードルフ・プフランツ中尉はヴィック、バルタザル両司令の列機として戦ってきた。このふたりは各々20機撃墜の線に達し、8月1日に騎士十字章を授与された。7./JG2中隊長、エーゴン・マイアーも20機撃墜に対して同日に同じ栄誉を与えられた。この3人分の祝賀パーティの模様はニュース映画用に撮影された。

本部小隊の3人目のメンバー、ギュンター・ゼーガーのこの時期の戦果実績は13機だったが、その後に騎士十字章を授与された。しかし、それは1944年になってからであり、その時には彼は将校に昇進してJG53に転属しており、撃墜数は46機に達していた！

着任の数日後、エーザウ少佐は日記に、「今日、うちの隊はひどくやられた」と書いている。このように彼の航空団司令としてのスタートは苦しい状況だったが、8月10日にJG2での初戦果をあげた。その48時間後、JG2はスピットファイア15機（およびハリケーン1機）――実際の英軍の損失記録では6機――

彼自身、86機撃墜の戦績をもつ新任のJG2司令の最初の仕事は、報道陣に応対することだった。彼の部下3人が20機撃墜に対して騎士十字章を授与されたので、記者会見が行われたのである。これは公式発表写真撮影のためにポーズを取る4人。左から右へ、ルードルフ・プフランツ少尉（航空団技術担当将校）、エーリヒ・ライエ中尉（航空団副官）、エーザウ、エーゴン・マイアー少尉（7./JG2中隊長）である。

記者会見の日に撮影された別の写真。カメラマンたちのために設定した日常的な場面であり、救命胴衣を着込んだ4人が何かおしゃべりしながら、本部小隊のフリードリヒの前を歩いている。

司令であるエーザウ少佐は専用のフリードリヒ2機を割り当てられていた。両機のシェヴロンと水平のバーの組み合わせは同じだが、まったく同じに描かれているのではない。たとえばシェヴロンの開き方の角度の相違はすぐにわかる。

を撃墜したと報告し、その内の4機はエーザウの戦果だった。同じく8月12日、パ・ド・カレーの上空で別のスピットファイア3機がⅢ./JG2の飛行隊長によって撃墜された。これで「アッシ」・ハーンの戦果記録は46機になり、彼は騎士十字章の柏葉飾りを授与された。

　8月19日には、JG2は15機（英軍の記録では14機）を撃墜した。その内の10機は同じくダンケルクからカレーにかけての沿岸上空で撃墜されたスピットファイアである。このような大量撃墜が重なった結果、この戦闘航空団の戦果合計は800機に達した。しかし、2回の大規模空戦の日の間の週に、ブレスト上空で第Ⅰ飛行隊が撃墜した1機の爆撃機は、JG2の歴史の新たな一里塚というべきものだった。

　8月16日の朝、第90飛行隊のフォートレスⅠ（B-17Cの英国空軍呼称）2機がノーサンプトン州のポールブルックを離陸し、ドイツの2隻の巡洋戦艦を爆撃するためにブレストに向かった。この日、爆撃機は高高度を飛び、これが有効な防御手段になると期待していた。しかし、高度9720mで目標上空に進入した時、Ⅰ./JG2の戦闘機の攻撃を受けた。この大戦で最高の高度での迎撃だった。第1中隊のエルヴィーン・クライ准尉がボーイング1機撃墜の戦果を認められたが、彼の獲物になったはずの「ドッグのD」機は、よろめきながら何

とかイングランドにたどり着くことができた。デヴォン州の或る飛行場で胴体着陸を試みたが、滑走路の先まで滑り出し、火炎を起こして大破した。

　その補充の新機、「ドッグのD」は9月8日、ポケット戦艦アドミラル・シェーア爆撃に向かう途中、ノルウェー上空で撃墜され、これが敵の攻撃によって撃墜された最初のフォートレスになった。しかし、クライのAN523との交戦は、JG2の初めてのこの米国製の四発爆撃機──まもなく米軍のマークをつけて欧州大陸上空に大量に現れることになる──との戦闘として記録に残された。

英軍、「ノン・ストップ」攻勢を放棄

　8月の中旬、JG2はドーヴァー海峡の上空で、「サーカス81」から「同84」までの護衛戦闘機の大軍と激戦を交え、この4回の戦闘はこの航空団の1941年の作戦行動の「最高水位」となった。その後、年内いっぱいで、一日の戦果が2桁台に達した日は三度に過ぎなかった。しかし、個人の撃墜戦果は──テンポは以前よりやや遅めながら──延び続けた。「腕達者（エクスペルテ）」たちが操縦するフリードリヒはスピットファイアVに対して優越した立場を維持し、彼らは2つの利点──「味方の」領分での戦闘であることと、「いつ」、「どこで」敵と交戦するかを自軍の側で選べること──を十分活かすことができたためである。

　9月4日、JG2の中で新たに2名が騎士十字章を授与された。ふたりはいずれも経験の深い曹長、隊内の古顔のクルト・ビューリゲンとJG53から最近転属して来たヨーゼフ・「ゼップ」・ヴルムヘラーであり、20機撃墜の基準線を越えていた。この9月4日には、延び続けるJG2の戦果のリストに、またひとつ新しい型の機が加えられた。第9中隊のカール・ノヴァク伍長が第263飛行隊のホワールウィンド双発戦闘機（G・L・バックウェル軍曹操縦）を、シェルブールの北の海峡上空で撃墜したのである。

　それから2週間近く平穏な日が続いた。しかし、9月の後半はふたたび戦闘が激化し、JG2の月末までの戦果は41機に達し、それは全部スピットファイアだった。損失は9月20日のアブヴィル付近の戦闘で戦死した4./JG2のハインツ・ホッペ伍長のみである。

　10月いっぱいにわたって途切れることなくスピットファイア撃墜が延々と続き、唯一の例外は第4中隊のテオ・アイハー少尉が戦果確認を受けた15日のウェリントン1機撃墜だった。10月のスピットファイア撃墜は33機であり、その内の9機はエーザウの航空団本部小隊の戦果だった。司令が10月26日午後早くに撃墜した1機は彼の100機目の戦果となった。当時は100機撃墜を達成した者はまだ少なく、彼は全軍で3人目だった。

　英国空軍が打撃に耐えながら長く続けて来た「ノン・ストップ」攻勢作戦は、11月8日、ついに放棄せざるを得なくなった。この日の「サーカス110」はリールを目標として実施され、JG2の戦果報告は10機と少な目だったが、実際には戦闘機軍団はスピットファイア17機喪失という大打撃を受けていたのである。悪天候を冒して、その後も英国空軍は海峡越えの戦闘機索敵攻撃を仕かけ続けたが、ドイツ空軍が受けるプレッシャーは劇的に軽減した。

　その翌日以降、11月末までに、JG2の戦果は1機、作戦行動による人的損失は1名のみに留まった。いずれもIII./JG2でのことである。この飛行隊はパ・ド・カレー上空での作戦行動の機会が減少したため、この地域で使用していたル・トゥケ、サン・ポル、その他の飛行場から引き揚げ、11月17日にシェルブール＝テヴィル飛行場に復帰した。その5日後、第9中隊のヴェルナー・アー

1941年10月26日、本部小隊はスピットファイア3機を撃墜した。その内の2機は「ルディ」・プフランツの戦果であり、3機目が司令の戦果だった。これはエーザウが3カ月前に海峡戦線に赴任して来て以来、14機目の戦果である。同時に彼はこれによって100機撃墜を達成し、隊員たちの祝賀を受けた。

レント少尉が海軍の誤認対空射撃を浴びて撃墜された。そして、11月24日に8./JG2の中隊長、ブルーノ・シュトーレ中尉が単機で行動中のスピットファイアを撃墜した。

一方、ブレストに配属されている第Ⅰ飛行隊で人事異動があった。飛行隊長、カール＝ハインツ・クラール大尉が、地中海戦線のⅡ./JG3飛行隊長に任命されて11月20日に隊を離れ、その後任として13機撃墜のエクスペルテ、イグナツ・プレシュテーレ大尉が東部戦線の2./JG53の中隊長の職から転任して来た。

そして、プレシュテーレ指揮下の第Ⅰ飛行隊は、12月に発生したあまり数多くない戦闘の正面に立った。12月13日の午後遅く、ホルスト・ヴァルベック少尉とクルト・マイアー軍曹がハンプデン1機ずつを撃墜した。この日、ブレスト沖での「園芸作業」任務（機雷敷設）に出撃したハンプデン2機が未帰還になっており、第Ⅰ飛行隊の戦果がこの2機であることには疑いの余地がない。

12月18日、英国空軍はブレスト軍港内の巡洋戦艦2隻を目標としてふたたび激しい爆撃を実施し、それを迎撃した。第Ⅰ飛行隊のパイロット8名が撃墜戦果を報告し、ヴァルベックもそのひとりだった。彼が撃墜報告したマンチェスター（第97飛行隊の機）とともに、Ⅰ./JG2はスターリング4機と護衛戦闘機3機撃墜に確認を与えられた。

その翌週、Ⅰ./JG2は航空団本部とグライゼルト大尉の第Ⅱ飛行隊が移動して来るために、ブレスト飛行場を12月30日に出て、モルレ飛行場に移動した。

この基地入れ替えがあったため、1941年の最後のブレスト爆撃を迎撃したのは新着の部隊だった。彼らはこの戦闘でJG2のこの年の最後の戦果となる4機を撃墜した。ハリファクス3機撃墜──その内の1機は本部小隊のエーリヒ・ライエの戦果──が報告され、これは英国空軍の損失記録と符合している。しかし、奇妙なことに、スピットファイアについては5./JG2のフリッツ・マリー少尉が1機撃墜を報告しているだけなのだが、英軍の護衛戦闘機のパイロットたちは、ブレスト沖でのBf109との空戦で僚機が3機撃墜されたと報告している。

海峡突破

　新年は比較的平穏な日々が続き、1942年1月の航空団全体の戦果は5機、損失は事故による1機に留まったが、これは一夜の夢のようなものだった。この時、大作戦の計画が着々と進められていたのである。英国空軍の爆撃機軍団と沿岸哨戒軍団は協同して攻撃を重ねたが、それまでのところ、ブレスト港内に納まっている巡洋戦艦2隻(重巡洋艦プリンツ・オイゲンもそれに加わっていた)に重大な損傷を与えることができなかった。しかし、その状態が変化するのは時間の問題だと見られていた。

　ヒットラーもそれを念頭に置いていた。彼は欧州の北の側面の防備が薄いと以前から強く意識しており、ノルウェー水域の防御強化のために「フリート=イン=ビーイング」(索制艦隊)を設ける必要があると考えた。そして、3隻の主力艦をフランスから回航させるように命じたのである。しかし、イギリス諸島の西側を北上して直接にノルウェーに向かう長い航路を取るリスクを冒すより、艦隊がもっと危険度の高いルート(自殺的だと言う者もあった)——英国海峡(チャネル)沿岸を北東方へ高速航走し、33kmのドーヴァー海峡(ストレート)の隘路(あいろ)を突破する——を取ってドイツ本国に向かうように指示した。このようなギャンブルをやり遂げるためには、奇襲の効果に頼るだけではなく、確実に連続する効果的な上空掩護が不可欠だった。総統は新任の戦闘機隊総監、アードルフ・ガランド大佐に計画立案と指揮を命じた。彼の計画は高速航走のルート沿いの空域を3つの区間に分け、各区間の指揮官は配備された戦闘機兵力[一度出撃した編隊は、掩護担当時間の後、もっと北東方の飛行場に着陸して再度出撃する]を計画されたタイミングで、航行する艦隊の上空に出撃させるというものだった[ガランドはオダンベールのJG26本部で全体を指揮した]。

　JG2はこの作戦の主要な3つの戦闘航空団の中で最も西の位置にいた。パ

巡洋戦艦シャルンホルストを先頭にしたブレスト戦隊が高速で英国海峡を北東に進み、上空にはフリードリヒ2機が低高度で旋回している。

イロットたちはブルターニュとノルマンディの基地から出撃し、艦隊の英国海峡沿いのルートの最初の部分の掩護に当たり、パ・ド・カレーの沖で隣のJG26に任務を引き継ぐことになっていた。兵力をオーバーラップさせるポイント、そして兵力をできるだけ多く配置する時期は、危険が最大になるドーヴァー海峡通過の時とされた。

　2月11日、2300時、主力艦3隻、護衛の駆逐艦6隻、魚雷艇15隻が英軍に察知されずにブレストの港外に滑り出た。これで「ツェルベルス」作戦（海軍側の作戦名）が開始された。そして、翌朝の夜明けとともに、最初の護衛戦闘機の編隊がシェルブールの沖を航走中の艦隊の上空の位置についた。これが「ドンナーカイル」（雷）作戦——海空協同作戦の空軍担当任務のコード名——の始まりだった。

　JG2のBf109は英軍のレーダーに捕捉されるのを避けるため、高度500mの厚い雲の下で艦隊の左右の上空を旋回し、無線封止を続けた。1波の編隊は16機、護衛の位置についている時間は30分であり、最後の10分間は次の編隊とオーバーラップするようになっていた。この間隔で次々に交替のため空域に到着する編隊は、雪と雨の激しいシャワーの中で北東に進む艦隊の周囲をパトロールし続けた。

　この悪天候と一連の不運な成り行き——そして酷いミス——とが重なって、英軍が艦隊の海峡航行を察知したのは出港から14時間近くも後だった。そして、最初の英軍機の接近が発見されたのは2月14日の1334時であり、艦隊はすでにカプ・グリ・ネに近づいていた。その英軍機は海軍航空隊第825飛行隊の時代物のフェアリー・ソードフィッシュ雷撃機6機と、護衛のスピットファイア10機だった。

　英軍の16機がケント州の方向から艦隊攻撃の進路に入った時、艦隊の右舷側に別の編隊が発見された。一瞬、艦隊は左右から同時に攻撃されるのかと見えたが、右舷側に現れた編隊はJG26のFw190だとすぐに識別された。あまり頑丈そうには見えない複葉の雷撃機は、最悪の状況の下で魚雷投下コースに入ることになった。メッサーシュミットとフォッケウルフは先を争って攻撃位置につこうとし、4分間のうちに6機のソードフィッシュは全部、空中から叩き落された。

　長時間にわたって神経を張りつめていた後で突然にこの大戦闘が拡がり、すべてが混乱に包まれた。JG2の5名のパイロットが各々1機のソードフィッシュ撃墜を報告し、JG26の3名も同様に申し立てた。その後、艦隊の対空砲砲員もそれとは別に10機撃墜の戦果確認を与えられた。

　艦隊はJG26の担当水域に進んだが、JG2の編隊は北東方の飛行場に着陸して、再度護衛任務についた。艦隊がベルギーとオランダの海岸近くを航走する間、英軍の攻撃は重ねられたが、その効果はあがらず、3隻の主力艦は1発の爆弾や魚雷の被害も無く、本国水域の安全地帯に到着した。午後の早い時刻のソードフィッシュ撃墜の後、JG2は夕刻までにスピットファイア3機（2機は「ルディ」・プフランツの戦果）とホワールウインド2機を撃墜した。彼らのこの日の最後の獲物はイグナツ・プレシュテーレ、ジークフリート・シュネル、ブルーノ・シュトーレの3人がオランダの沖合いで各々1機撃墜したハンプデンだった。

Fw190への転換

　この歴史的な「海峡突破(チャネル・ダッシュ)」作戦はこの航空団の歴史に新たな高い戦績を加えたが、その数カ月先には微妙な戦局のバランスの変化が控えていた。多くの個人と部隊の戦果の増大は続いたが、その伸び率は以前ほど高くはなくなった。一方、人的損失は増大し始めた

　その変化は騎士十字章受勲者の数に現れている。JG2の中で次々に受勲者が続いた1941年と対照的に、1942年は2名に過ぎなかった。その内の1名は死後授与であり、2名とも高撃墜数をあげたエクスペルテではなかった。この2名はJG2の中の戦闘爆撃(ヤーボ)任務専門の中隊の指揮官だった。ヤーボ戦術は英国本土航空戦の末期に臨時の任務としてスタートしたが、その後、段々に戦闘機隊の通常の任務に組み込まれて行った。

　海峡沿岸地域の2つの戦闘航空団は通常の9個中隊の外に、10番目のヤーボ専門の中隊を設けるように命令された。こうして新設された10.(Jabo)/JG2の中隊長には、6./JG2の中隊長だったフランク・リーゼンダールが任命された。以前のヤーボ戦術はほぼ全面的に高い高度からのヒット・アンド・ランだったが10.(Jabo)/JG2のパイロットたちは海峡を航行する船舶とイングランド南岸の港湾施設を目標として、低空爆撃を行った。

　彼らはこの戦術で高い効果をあげ、1942年3月から6月にかけての3カ月間に20隻、合計6万3000トンの船舶を撃沈した。しかし、3月に英国空軍が新たに欧州北西部にわたる攻撃作戦を開始する前の時期には、10.(Jabo)/JG2の攻撃は英軍にとって「小うるさい」という程度に過ぎなかった。

　英国空軍は攻撃作戦に新たな戦術パターンを加えた。「ラムロッド」、「レンジャー」、「ロードステッド」の3種である。前2者は、爆撃機の小編隊と強力な護衛戦闘機兵力を組み合わせた「サーカス」のタイプの改良版であり、後者は特に海峡と北海の沿岸水域のドイツ側の航行船舶を攻撃することを目的としていた。

第III飛行隊に配備された最初のFw190Aの中の1機。第7中隊のマークの図柄、「チェンバレンのシルクハット」はまったく時代遅れになっているのだが、この「白の11」はいまだにそれをカウリングにつけている。

1942年2月2日、「ハイノ」・グライゼルトの34才の誕生日の野外パーティーにやって来たエーザウ少佐。背景のFw190はグライゼルト飛行隊長の乗機。

　この敵側の圧力と戦う力を増すために、戦闘航空団「リヒトホーフェン」はJG26の跡を追い、フォッケウルフFw190への装備転換を始めた（詳細は本シリーズ第18巻「西部戦線のフォケウルフFw190エース」を参照）。3月の初めに、プレシュテレ大尉の第Ⅰ飛行隊は、この新型の空冷エンジン装備の戦闘機への転換訓練を受けるために、小規模な転換分遣隊をル・ブルジェ飛行場に派遣するよう命じられた。分遣隊では訓練中に数回事故が発生し、JG2のFw190での最初の死亡事故も発生した。フリッツ・マリーの乗機のエンジンが離陸直後に火災を起こして墜落したのである（Fw190の初期の生産型にはこの危険性が高かった）。

　その後、JG2はほぼ1カ月に1個飛行隊というペースで装備転換を完了した。

誕生日パーティーの主役をクローズアップした写真だが、背景を見ると、彼のⅡ./JG2にまだ残っているフリードリヒが写っている。

3月の半ばには、「アッシ」・ハーンのⅢ./JG2がシェルブール＝テヴィルとモルレの両飛行場で、臨時装備のFw190A-1によって作戦可能になった。そして4月の下旬には、カール＝ハインツ・グライゼルト指揮下の第Ⅱ飛行隊が、ボーモン＝ル＝ロジェとトリクヴィルの両飛行場でA-2への装備改変を完了した。その1カ月後、シェルブール、サン・ブリュー、モルレの3飛行場に配備されていたⅠ./JG2もA-2をBf109Fと併用するようになった。

エーザウ、出撃停止命令を破る

　初めの内、航空団本部小隊は信頼性の高いフリードリヒ装備を続け

ボーモン=ル=ロジェの春の日。ヴァルター・エーザウとエーゴン・マイアーがおしゃべりしながら飛行場外周誘導路を歩いている。左手の構造物は材木と土で造られた爆風防護壁で、中段の写真に見られるように、その間に飛行機を駐機する……

……司令は腰を下して、ちょっとしたペーパーワークに取りかかった……

……しかし、間もなく、白い花が咲いているリンゴの木かげで、彼は眠り込んでしまった……画面の左上、防護壁で囲われた1段高い廊下に隊員の上半身が見える。この廊下は航空団本部の建物の周囲全体にわたって造られていた。

る方針だった。ヴァルター・エーザウは前年の10月に「100機撃墜」を達成して以来、自動的に戦闘出撃停止の措置を適用されていた（このような国民的英雄をこれ以上危険に曝すのを防ぐため、この時期はこのルールが設けられていた）。それ以降、本部小隊は航空団副官、エーリヒ・ライエが指揮し、団の技術担当将校、「ルディ」・プフランツと、2名の新たに列機の位置に選ばれたフリッツ・シュトリッツェル軍曹とヨーゼフ・「ユップ」・ビッゲ軍曹がメンバーとなっていた。1941年の末にはフリッツ・エーデルマン少尉とカール曹長が加わって、本部小隊は6機編制になった。

しかし、4月17日、ヴァルター・エーザウは戦闘出撃停止の措置を頭の中から一度に吹き飛ばした。この日の午後、ボーモン＝ル＝ロジェ飛行場の静けさが突然破られた。四発爆撃機6機が轟々と爆音を響かせて、西の方から低高度で上空に進入して来たのである。本部通信班のオットー・ハッペルはこの時の状況を鮮明に記憶している。

「部隊の戦闘機はその日の最後の作戦任務に出撃していた。その最初の数機が帰還して来て、着陸の態勢に入っている時、誰かが大声で叫んだ──『四発機が低空で上空に進入！』。
フィアーモット

「私はすぐに、帰還して来る戦闘機に無線電話で危険を通報した。エーザウ少佐は電光のように私の横を走り抜け、彼のMe109に向かった。彼の乗機は常に即時出撃可能状態にされていた。彼は誰かに声をかけることもなくコクピットに入り、すぐに離陸して、飛び去って行く爆撃機を追って行った」

英国空軍は、バイエルン地方の南東部、奥深いアウグスブルクにあるMAN社の潜水艦用ディーゼルエンジン製造工場を、重爆撃機の昼間・低高度進入によって攻撃する大胆な作戦を計画し、この日、最新型のランカスター12機を出撃させた。ボーモン上空に現れたのはその先頭編隊6機だった。

エーザウ（フリッツ・エーデルマンを列機として連れていたと思われる。彼はこの戦闘で軽傷を負った）はすぐにランカスターに追いついた。敵の編隊はすでに第Ⅱ飛行隊のFw190の攻撃を受けていた。この戦闘は1時間にも及ぶ長いものになり、第44飛行隊のランカスター4機が撃墜された。フォッケウルフで戦果をあげたのは、最初の1機を撃墜した第Ⅱ飛行隊長カール＝ハインツ・グライゼルト、ボッセッカート軍曹、ポール伍長の3名である。オットー・ハッペルの語りは続く。

「我々はやがて、爆撃機4機が撃墜されたことを知らされた。ポールの戦果は航空団の撃墜1000機目であり、エーザウ少佐の戦果は1001機目だった！」

エーザウが撃墜したのはランカスターMkⅠ L7536/KM-Hであり、アヴロ社の重爆撃機の生産型の10機目だった。エヴリューの東、数kmの地点に墜落し、彼自身の戦果の101機目となった。ふたたびオットーの話を聞こう。

「エーザウ司令が戦闘出撃停止の命令を受けていることは誰もが知っていることであり、彼はただちにこの戦闘参加を上司に報告したが、その理由説明は見事なものだった。彼が
シュタルトフィーアボット

4月17日、ドイツ本土への大胆な昼間爆撃作戦に参加したランカスター6機が、突然、ボーモンの上空に低高度で進入し、エーザウの穏やかな時間が破られた。6機中の4機が撃墜され、この残骸はその1機といわれている。これを撃墜したのはポール伍長か、それともエーザウかは不明である。

通常の飛行テストのために飛んでいると、どこからともなく怪物どもが突然現れたので、純粋に自衛のためにランカスター1機を撃墜したのだ——これが彼の説明だった」

JG2の1000機撃墜の公式の部隊別戦績は次の通りである。

本部小隊	113
第Ⅰ飛行隊	346
第Ⅱ飛行隊	267
第Ⅲ飛行隊	258
補充要員訓練中隊／同飛行隊	16

Fw190の登場は英国空軍戦闘機軍団にとって手酷いショックとなった。しかし、正体不明のこの新鋭機によるショックは間もなく解消した。欧州航空戦で最大の情報の「贈り物」のひとつと言われる出来事があったためである。「アッシ」・ハーンのⅢ./JG2の飛行隊副官アルミン・ファーバー中尉が飛行方位の判断を誤り、シェルブール付近の自隊の基地と誤認して、ウェールズ南部、ペンブレーの英空軍基地に着陸し、彼の乗機である新品のA-3（この写真の機）が完全な状態で英軍の手に入ったのである。

熟練パイロットの戦死

5月の最初の週には2つの指揮官職の交替があった。カール＝ハインツ・「ハイノ」・グライゼルトが幕僚職に転出し、Ⅱ./JG2飛行隊長の任務は長らく第5中隊長を勤めた有能な将校、ヘルムート・ボルツが引き継いだ。そして、その3日後、5月4日、第Ⅰ飛行隊のイグナツ・プレシュテレがオクトヴィルの北方での格闘戦で撃墜された。彼の後任には航空団副官、エーリヒ・ライエ中尉が選ばれた。

ライエのI./JG2飛行隊長就任は、今や有名になっていた「リヒトホーフェン」本部小隊が終末に向かう第一歩になった。この時期、この小隊はリジェスクールを基地とし、第1中隊と協同して上段編隊迎撃の任務に当たっていた。5月の半ばに1./JG2の一部は前線を離れ、新たに登場したBf109Gシリーズの最初の型、与圧コクピットのG-1への装備転換作業に入った。この改変が完了すると、この部隊は11./JG2として、この航空団の正式な高高度戦闘任務の中隊となり、指揮官には航空団の元技術担当将校、ルードルフ・プフランツ中尉が任命された。

1./JG2は人員・装備の補充によって以前と同じ兵力にもどった。解隊された本部小隊の一部もこの補充に組み込まれた。

JG2が新たに装備した新型機、Fw190は英国空軍のスピットファイアⅤのパイロットたちにとって気持ちを滅入らせるショックとなった。彼らはこれまで重ね

ジークフリート・シュネルは6月3日に4機を撃墜し、合計戦果を61機に延ばした。この写真では3日の4機は彼の乗機の方向舵に無事に「記帳」済みになっており、彼の機付整備員が62機目を書き込んでていねいに仕上げをしている。

「アッシ」・ハーンの「白の二重シェヴロン」の方向舵も撃墜マークがたくさん、整然と並んでいる。この時は61機撃墜だったが、これに7機を加えて68機に達した時に、彼は東部戦線に転任して行った。

て来たフランス北西部への戦闘索敵攻撃を通して、JG2のフリードリヒに対してやや優位に立てると思い始めていたところだった。ここで彼らは突然に、明白な負け犬の立場に追い込まれたのである（この状態は、7月に「間に合わせ」として至急開発されたスピットファイアIXが登場し、素晴らしい実力を発揮するまで続いた）。あまり長い間ではなかったが、JG2はこの明白な技術的優位を最大限に活かして戦った。

　5月30日から6月4日までのわずか6日間だけでも、第2戦闘航空団は過去の栄光の日々を再現し、50機以上の撃墜戦果をあげた。ジークフリート・シュネルは6月3日、10分間で4機を撃墜し、個人戦果合計を61機に延ばし、エーゴン・マイアー、エーリヒ・ルドルファー、ヨーゼフ・ヴルムヘラーなどが2機撃墜を記録した。本部小隊から分かれたエーリヒ・ライエとルードルフ・プフランツも各々1機を撃墜した（彼らの48機目と44機目）。

　「ルディ」・プフランツのその後の撃墜は8機だった。彼は7月30日に51機目を撃墜し、その翌日、第11中隊は接近して来る英軍の編隊を迎撃するために、アブヴィル上空で高高度の位置についた。プフランツの戦死の状況の詳細についてはいくつかの説があるが、彼が列機、ハインツ・グリューバー軍曹と離れ、後方の防御がなくなっていることに気づかないまま、自分の目標に注意を集中し、彼の52機目、そして最後の戦果となるスピットファイアを撃墜したことは確かである。

　その数秒後、彼の乗機が致命的な命中弾を受けた。ある報告によれば、彼のグスタフ[G型のこと]は空中で爆発したとされ、別の報告では被弾した彼の機の与圧コクピットのキャノピーが開かなかったといわれている。機体はベルク＝シュル＝メールの南の砂丘に墜落した。

　プフランツ以外にも、7月中に経験の高い中隊長の戦死者があった。ちょうど2週間前、7月17日に10.(Jabo)/JG2の中隊長、フランク・リーゼンダール中尉がデヴォン州ブリクサム港で貨物船を攻撃している時、対空砲火によって撃墜された。彼は9月4日に騎士十字章を授与され、戦闘航空団「リヒトホーフェン」の中で唯一の死後受勲の例となった。

ディエップの大激戦

　8月には圧倒的に激烈な戦闘が発生した。それは悲劇的な結果に終わった連合軍側のディエップ上陸作戦である。砂利が拡がった浜に上陸したカナダ軍の7個大隊はドイツ軍の強力な攻撃を受けて大損害を被り、上空では同様に激しい戦闘が展開された。英国空軍は8月19日、一日のうちにこの空域で100機以上を喪失し、損傷機も多数にのぼった。ドイツ側の撃墜の大半はJG2とJG26の戦果だった。

　「リヒトホーフェン」のパイロットたちは確認撃墜59機という驚くべき戦果をあげ、その外に不確実撃墜7機があった。この日、戦果を報告した人たちの中に

フランク・リーゼンダール中尉（右側の人物。左はエーザウ）は1941年7月に負傷するまで第6中隊を指揮していた。翌年3月に艦船攻撃専門の10.(Jabo)/JG2が新設されると、その中隊長に任命された。

両手を使って空戦の戦術を説明している「ゼップ」・ヴルムヘラー。彼はその腕前を振るって、8月19日にディエップ上空で7機撃墜の戦果をあげ、少尉に昇進し、この写真では半ば襟元にかくれている騎士十字章に柏葉飾りを加えた

は、すでに有名になっているエース
が何人も並んでいた。エーリヒ・ライ
エとクルト・ビューリゲンがスピットフ
ァイア各1機を撃墜し、2機撃墜は
エーリヒ・ルドルファー、エーゴン・マ
イアー、「アッシ」・ハーン(各々合計
戦果を45、50、67機に伸ばした)を
含む数人が並んだ。ルードルフ・プ
フランツが戦死した後、高高度戦闘
機専門の第11中隊の中隊長になっ
た「ユーレ」・マイムベルクもスピット
ファイア2機を撃墜した。ギュンタ
ー・ゼーガーはその1段上、3機を撃
墜し、ジークフリート・シュネルはもう1段上、5機を撃墜した(彼の合計スコ
アは70機に達した)。

　しかし、この日、最高の戦果をあげたのは第9中隊のヨーゼフ・ヴルムヘラ
ー曹長である。スピットファイア6機とブレニム(ボルティモアである可能性が
高い)1機を撃墜し、彼のスコアを54機に延ばした。この戦闘の間、彼は片脚
をギブスで固めており、脳震盪の後遺症と思われる苦痛に悩まされていた。7
機撃墜の殊勲の効果もあって、かれは少尉に進級し、騎士十字章の柏葉飾り
を授与された。

　これだけの戦果の代償として、JG2
はFw190 11機を喪失し、10機が損
傷を受けた。人的な面ではパイロッ
ト8名の戦死、または行方不明、6名
の負傷が報告されている。戦死者の
中には第11中隊のエルヴィーン・ク
ライ准尉も含まれていた。彼のグス
タフはル・トレポール飛行場着陸の
際に転覆したのである。

　10.(Jabo)/JG2でもFw190 2機が
着陸事故で破損した。この戦闘爆撃
機中隊は中隊長、リーゼンダール中
尉の戦死の少し前にFw190に装備改
変し、後任の中隊長、フリッツ・シュ
レター中尉の指揮の下にディエプ
で戦った。この日いっぱい、第10中隊は海岸沖合いの艦船攻撃に全力をあげ、
夕刻までに上陸用舟艇2隻撃沈、4隻を撃破した。英国空軍の駆逐艦2隻に命
中弾を与え、その内の1隻、バークレーは損害が激しかったために自沈処分さ
れた。

　この日の戦闘でヤーボ中隊は大活躍し、彼は見事なリーダーシップを発揮
したと認められ、シュレターは9月24日に騎士十字章を授与された。

新たな敵、米第8航空軍の四発重爆

　ディエプの大激戦の陰に隠れて目立たなかったが、上陸部隊の撤収開始

激しい戦いの一日が終わりに近づき、列線に並んで
夕陽を浴びている第7中隊のFw190の影が長く延び
ている。誘導路にひとり立っているパイロットは物
思いにふけっているようであり、銃を背負った歩哨
があたりの警戒に当たっている。

ブレスト=ギパパ飛行場で緊急発進準備の態勢を取
っている第8中隊の「黒の8」。スターター電源車の
電線は機体に繋がれ、パイロットの救命胴衣と落下
傘パックはすぐに着用できるように、尾部の左側の
水平尾翼の上に拡げてある。

の計画に合わせた牽制攻撃として、四発爆撃機22機が高高度で進入し、アブヴィル=ドゥルカ飛行場を爆撃した。英国に配備され、まだ態勢準備段階にあった米陸軍航空軍第8航空軍のB-17部隊にとって、この出撃は2回目の大陸上空進入であり、その後、欧州西部、次にドイツ本土へと昼間高高度爆撃の範囲と規模を拡大して行く過程の第一歩だった（詳細は「Osprey Combat Aircraft 18 —— B-17 Flying Fortress Units of the Eighth Air Force」を参照）。

　この時期、「強力な第8航空軍」のパイオニアの重爆部隊は手探りで途を進む状態であり、欧州大陸への行動範囲を短距離のフランス北部、ベルギー、オランダに限り、段々に出撃回数と機数を増して行った。この地域の防空はJG26の担当であり、それを補充するために9月の初めに、「アッシ」・ハーンが彼の第Ⅲ飛行隊の内の2個中隊を率いてアブヴィルの南、ポワ飛行場に移動した。しかし、戦闘航空団「リヒトホーフェン」が新たな敵、米軍の四発重爆と初めて本格的に交戦したのは数週間後、400km以上も離れた地域でのことだった。

　第Ⅲ飛行隊の中でブルーノ・シュトーレの8./JG2だけはポワに移動しなかった。その代わりに、この中隊は以前の基地、ブレストに配備された。主力艦3隻はブレストを離れて行ったが、数個戦隊のUボートがフランスの大西洋岸沿いの多数の港を基地としていた。これらの潜水艦は大西洋でのパトロールに出撃する時と帰還する時に、ビスケー湾を横断しなければならなかった。距離は最大で300km以上もあり、潜水艦は高速を出すために出来る限り水上を航走し、この状態では英国空軍沿岸哨戒軍団の哨戒機の攻撃を受けやすかった。

　このため、8./JG2の主な任務のひとつは哨戒機に対するUボート上空警戒だった。敵機は海面近くの高度で飛ぶので、発見して攻撃することはかなり難しかったが、冬の初め近くまでの間に中隊は10機——大半は双発のブリストル・ボーファイター長距離重戦闘機——を撃墜した。しかし、シュトーレ以下のパイロットたちが波頭すれすれの低高度飛行に慣熟して行く間に、突然、新たな脅威が頭上遙かな高高度に現れた。

　海峡横断の出撃に慣れて来た第8航空軍の重爆撃機部隊が、欧州内での行動範囲を拡大し始めた。彼らの次の目標は、ビスケー湾岸の多数の基地でUボートを収容するために

エンジンをウォームアップして離陸に移る直前のFw190。上空の高高度には敵機が侵入していることを示す飛行機雲が拡がっている。

建設された巨大なコンクリート製の掩体構造物(ブンカー)だった。10月21日、B-17とB-24の合計90機（詳細は「Osprey Combat Aircraft 15 ── B-24 Liberator Units of the Eighth Air Forceを参照）がロリアン軍港攻撃に出撃した。この日は雲が厚く拡がり、目標を発見できたのは1個航空群だけだった。8./JG2が交戦したのはこの第97爆撃航空群（目標上空に進入したのはB-17 15機）と思われる。この部隊のフォートレス3機が帰還せず、6機が損傷を受けた。第8中隊の損失はオットー・リュッター中尉のみだった。

11月9日のサン・ナゼール軍港に対する同様な爆撃作戦でもB-17 3機が行方不明となり、その9日後のラ・パリス爆撃ではフォートレス1機が撃墜され、第8中隊のフォッケウルフ2機が爆撃機編隊の防御火網に撃墜された。このようにシュトーレの中隊が必死に戦い続けている時に、この地区の戦闘機隊兵力が増強された。第Ⅲ飛行隊の内、アブヴィル周辺の補強に送られていた2個中隊が、ブレストに近いヴァンヌ＝ミュソン飛行場に移動して来たのである。

それより前の11月の初め、JG2の中で最も威勢のよいひとりの指揮官が部隊から離れて行った。Ⅲ./JG2飛行隊長、「アッシ」・ハーンが東部戦線のⅡ./JG54飛行隊長の職に転出したのである。彼はJG2で戦っている時に四発重爆4機を含む68機撃墜の戦果をあげていた。東部戦線で戦果を40機延ばした後、1943年2月にエンジン停止状態で敵戦線内に不時着し、それからの7年間をソ連の捕虜として過ごすことになった。

Ⅲ./JG2の2つの飛行中隊、第7中隊と第9中隊は新任の飛行隊長、エーゴン・マイアー少佐の指揮の下に、ポワから大西洋沿岸地区に移動した。マイアーは前任のハーンに比べて分析的な性向と能力をもっていた。彼はこれまでの米軍の重爆撃機に対する戦闘報告をすべて検討し、はっきりした結論を出した。それは「巨大な四発重爆撃機を撃墜、または撃破する」チャンスが最も高い戦術は正面からの攻撃であるという結論である。正面攻撃を受けた敵機のパイロットは被弾する可能性が最も高く、前方に対する防御射撃の射角は最も狭く、火力は最も低いと彼が判断したためである。マイアーはすぐに自分の理論を実践でテストしてみた。

11月23日、B-17とB-24の編隊がふたたびサン・ナゼール爆撃に出撃した［戦闘空域に36機が進入］。

典型的なポーズを取っているハンス・ハーン少佐。忠実な「ヴム」を従えている。ハーンは1942年11月の初め、Ⅲ./JG3飛行隊長の職を離れ、東部戦線のⅡ./JG54に転任した。

この日も低い高度に切れ間の無い厚い雲が拡がり、目標発見はきわめて困難だった。大半の機は作戦を諦めて引き返したが、フォートレス9機が目標空域に進入し、投弾コースに入った時に迎撃を受けた。何波ものFw190が3機編隊を組み、次々にB-17の真正面から攻撃をかけて来た。

先頭に立ったマイアー大尉に続いてIII./JG2のフォッケウルフは爆撃機に銃砲弾を浴びせて飛び過ぎ、米軍の「重爆」に対する1航過の攻撃としては最高の戦果をあげた。4機のB-17が叩き落とされたのである。

この戦術はまだ完全なものではなかったが（マイアーの列機2機は、攻撃後の離脱の際、爆撃機編隊の後方で上昇に移り、その時に被弾した。その後、降下して離脱するのが通常になった。第7中隊のテーオドール・アンゲル伍長は敵の防御銃火で撃墜された）、戦闘機隊総監アードルフ・ガラント大佐はその効果に注目した。実戦の経験による改良の後、正面攻撃は四発重爆との戦闘で最も効果が高い戦術として広く受け入れられた。最初、真正面、同高度の攻撃コースで目標に接近していたが、正面方向のやや高い位置から浅い角度のコースで接近するように変えたのが改良点である（このため、「12時の方向、高い位置に敵機」のコールを重爆の乗員が恐しがるようになった）。この改良により、一瞬ともいえる相互接近の間、目標までの距離を判断しやすくなった。この戦術で最も高い成果をあげたのは、創始者であるエーゴン・マイアーだった。

12月30日、第8航空軍はふたたびロリアンを襲い、ふたたびB-17 3機を失った（ドイツ側は7./JG2のフォッケウルフ1機を失った）。1942年は1941年とほぼ同じように過ぎて行った。戦闘航空団「リヒトホーフェン」の作戦行動の重点は大西洋沿岸地域に集中していたのである。しかし、秋には海峡沿岸の戦線にも新しい動きがあった。

1942年の10月の最後の日、10.(Jabo)/JG2のFw190はJG26の戦闘爆撃機とともに出撃し、カンタベリーに対して報復のヒット・アンド・ラン攻撃をかけた。ヤーボは全機無事に帰

ハーンの後任は7./JG2中隊長だったエーゴン・マイアー中尉である。彼は乗機「白の7」の尾翼の横で、何やら書類仕事に忙しそうである。方向舵の戦果マークは48機（あまりはっきり見えないが）。この時期、1942年の夏の半ばには、「チェンバレンのシルクハット」の紋章は姿を消し、機首には第III飛行隊のマーク、「若雄鶏の頭」が描かれている……

……この新型のFw190A-4にも同じマークが描かれている。上段の写真、「アッシ」・ハーンの乗機と間違われることが多いが、これはエーゴン・マイアーの初期の乗機である。相違点(方向舵の戦果マーク以外に)には主翼付け根の上、胴体側面の黒い塗装（排気による汚れを隠すための塗装）の拡がり方と、カウリング側面（部隊マークの下）の空気取入口である。2段過給機が改良され、膨らみが大きくなった新しい取入口が、ある時期にこの機に装着された。

10. (Jabo)/JG2の「青の6」。ジャッキで尾部を持ち上げ、機体を水平にして、機関砲と機銃の射線調整の作業をしている。1942年、カン＝カルピケ飛行場での場面。

還したが、護衛編隊の中の5./JG2の1機が軽対空火器の射弾を受け、ケント州の海岸に墜落した。

　新年初めの数週間、ヤーボ中隊には不運が続いた。海峡上空でフォッケウルフ5機を喪ったのである。その全部ではないにしても、大半を撃墜したのは、迎撃戦闘機としての性能が期待外れだったと伝えられていた英国空軍の新型機、ホーカー・タイフーンだった（詳細は「Osprey Aiedraft of Aces 27──Typhoon/Tempest Aces of World War 2」を参照）。その後、ヤーボ中隊は1943年3月に新設された「高速爆撃機」の部隊に編入され、13./SKG10と改称された。

南フランスとチュニジアへの派遣

　1942年秋の末から短い期間ではあったが、JG2の飛行隊のひとつは英国海峡の冬の灰色の水面から遠く離れた地域で、ほぼ全面的に制空権を握る地位についた。

　「トーチ」作戦──英米連合軍が1942年11月8日に開始したアフリカ北西部の上陸作戦──に国防軍最高司令部は大きな衝撃を受けた。それに続いて連合軍がフランス南部にも進攻して来ることを恐れたドイツ軍は、1940年夏以来、フランスのヴィシー政府の統治下にあった非占領地域──地中海沿岸地域も含むフランス南部全体──の占領作戦を開始した。この作戦の上空掩護任務参加を命じられたI./JG2は、ドリュー基地から南方のマルセイユ＝マリニャン飛行場へ移動した。

　しかし、予想された連合軍の上陸作戦部隊はリヴィエラ海岸沖合いに姿を現さず、第I飛行隊は1943年1月中旬にノルマンディの基地に復帰した。そのすぐ後に、JG2はこの航空団で長らく戦って来た指揮官を、またひとり失った。I./JG2飛行隊長、エーリヒ・ライエ大尉が東部戦線のI./JG51飛行隊長に転

出したのである。この時の彼の撃墜記録は43機(四発重爆1機を含む)だった。その後、中佐まで進級し、1944年末にJG77司令に補され、ドイツ降伏の数週間前に空戦で戦死したが、その間に東部戦線で75機撃墜の戦果を記録した。

　ライエの後任のI./JG2飛行隊長には前の第Ⅱ飛行隊長、「アンテク」・ボルツ——彼はその直前に第Ⅱ飛行隊長の職をアードルフ・ディックフェルトと交替していた——が任命された。ディックフェルトは東部戦線のJG52で115機を撃墜し、騎士十字章の柏葉飾りをすでに授与されている高位エースだった。

　11月の第2週にⅡ./JG2も南への移動を始め、ボーモン＝ル＝ロジェを離れて行った。しかし、第Ⅰ飛行隊とは違って、南フランスの飛行場に向かったのではなかった。もっと遠く離れたイタリアのシチリア島に移動し、それから地中海を越えてチュニジアに進出したのである。枢軸側は北アフリカで最後に残った拠点、チュニジアを守り抜くことを希望し、Ⅱ./JG2はそのために送り込まれた増援航空部隊の一部だった。

　地上戦闘では、枢軸側のこの希望は連合軍第1軍と第8軍の東西からの強圧の前に崩れて行った。しかし、Ⅱ./JG2のパイロットたちは4カ月のチュニジア派遣の間に、以前の海峡越えの航空戦の最盛期の再来のような高い戦果をあげた。この飛行隊は北アフリカ戦域でFw190によって戦う唯一の部隊であり、その性能を発揮して150機を撃墜し、空戦による損害はパイロットの戦死9名のみだった。

　しかし、スタートはあまり好調ではなかった。移動の飛行でパイロット2名が行方不明になり、ビゼルタ到着から間もなく、B-17の空襲によって1名が死亡した。この爆撃を実施した第97爆撃航空群は、10月21日にロリアン上空で第8中隊によってフォートレス3機を撃墜された部隊であり、その後に第8航空軍から第12航空軍に移動し、北アフリカで行動していた。

　Ⅱ./JG2はケルーアンを基地とし、11月21日にクルト・ビューリゲン中尉が部隊のチュニジアでの初戦果となったスピットファイア1機を撃墜した。ビューリゲンはすぐに連合軍の航空部隊に恐れられる存在となり、彼の「ブー・マン」(お化け)というニックネームがぴったり当てはまっていることを示した。彼の確認撃墜はその後40機に達し、第Ⅱ飛行隊のアフリカでのトップのエクスペルテになった。第2位になったのは6./JG2中隊長、エーリヒ・ルドルファー少尉で

クルト・ビューリゲン中尉の「白の6」。1942年12月の半ば、チュニジアのケルーアンに到着して間もない時期の写真である。機体の後方の高台には三脚に取り付けた装備が3つ並んでいる。左から、対空単装機銃、砲隊双眼鏡、右端は聴音機と思われる。

ある。第II飛行隊がチュニジアに移動した時、彼は重傷治療のためにパリで入院していた。

ルドルファーは12月の半ばに北アフリカに到着した。かれのログブックには、最初の敵機との接触が「カブ・セラ地区でボストン17機を発見」と記録されている。これはマテュール飛行場爆撃に向かう米軍のA-20の編隊であり、ルドルファーの最初の撃墜は護衛編隊の英軍のスピットファイア1機だった。これと同日、12月18日、B-17によるビゼルタ空襲の際、彼はP-38 2機を撃墜し、経験高いクルト・ゴルツシュ軍曹が3機目を撃墜した。

1月の第2週の間、ケルーアンではいくつかの事故が重なった。その最初は1月8日に発生し、アードルフ・ディックフェルトが負傷した。離陸の際、彼の乗機の車輪が爆撃孔にはまり、機体が前のめりに180度回転したのである。エーリヒ・ルドルファーが飛行隊長代理に指名され、部隊が5月に海峡沿岸地区に復帰した後に正式の飛行隊長に任命された。

II./JG2の高戦果は2月にピークに達した。2月3日、この飛行隊は合計12機を撃墜した。その内の5機はビューリゲンの戦果（P-39 2機、P-40 2機、スピットファイア1機）であり、3機はゴルツシュの戦果だった。その6日後、彼らは16機を撃墜した。その半分はルドルファーひとりの戦果であり、その中には7分間で撃墜したP-40 6機も含まれていた。そして、2月15日にルドルファーは7機を撃墜して、チュニジアでの戦果──最終的に27機になった──を大きく延ばした。

損害の面では、5./JG2の中隊長、ヴォルフ・フォン=ビューロウが、2月23日にケルーアンが激しい爆撃を受けた時に地上で戦死した。3月3日──ビューリゲンがアフリカ戦線のドイツ空軍で初めて新型機、スピットファイアIXを撃

仲間内の雑談の時の写真。この4人の中にはチュニジアで撃墜戦果のトップを争ったII./JG2のパイロットふたりが含まれている。左からクルト・ビューリゲン、飛行隊本部のクラウゼ軍医、アードルフ・ディックフェルト中尉、エーリヒ・ルドルファー少尉。1942年12月の半ばにルドルファーが第II飛行隊より遅れてチュニジアに到着し、翌年の1月8日に負傷するまでの間に撮影された。

第II飛行隊のFw190は空中では優位（機数以外の点では）に立ったが、地上では問題は別だった。タンジャ南臨時発着場に駐機されたこの2機は、砂漠風の濃い目のベージュに塗装されて、低空侵入して来る連合軍の戦闘爆撃機に備えて、厳重にカモフラージュされている。

墜したのは、この日だった――に第6中隊のリヒャルト・ウベルバッカー軍曹が、フェリーヴィルの上空で所属不明のBf109の2機編隊に誤って撃墜された（JG53とJG77はいずれもこの日に撃墜戦果を報告しているが、どちらが誤認したのかは不明である）。

　Ⅱ./JG2のチュニジア派遣期間の最後のパイロット喪失は、3月8日にケルーアンの西方で米軍のスピットファイアに撃墜された4./JG2のエーリヒ・エンゲルブレヒト伍長である。その4日後にはビューリゲンとルドルファーはB-17各1機撃墜を認められた。この2機は第Ⅱ飛行隊のこの戦域での最後の戦果に数えられるものだった。Ⅱ./JG2は枢軸国軍のチュニジアでの戦いが最後の段階――5月11〜13日に独伊軍は全面的に降伏した――に至る前に撤退を命じられ、1943年3月の中旬にノルマンディに帰還した。

　ユーリウス・マイムベルク中尉が指揮する11./JG2のBf109Gも、第Ⅱ飛行隊のフォッケルウルフと同じ時期にチュニジアに派遣された。しかし、後者が単に臨時にJG53の指揮下に置かれただけだったのと違って、マイムベルクの高高度戦闘中隊は公式にⅡ/JG53に編入され、JG2の指揮下に復帰することはなかった（詳細は本シリーズ第5巻「メッサーシュミットのエース　北アフリカと地中海の戦い」を参照）。

本土防空の最前線

　ルドルファー指揮下のパイロットたちがノルマンディにもどると、すぐに彼らの間に愉快でない驚きが拡がった。チュニジアはフライパン程度だったかもしれないが、海峡沿岸の空の戦いはちょっとした火事の範囲を越えて、本格的な大火災の状態に至っていた。1943年の月日が進むにつれ、JG2は勝利の見込みのない戦いに段々と深く巻き込まれて行った。その戦いは2つの正面にわたって展開されていた。

　彼らは大戦勃発以来の敵、英国空軍――間もなく米軍の第9航空軍もそれに加わった――との低・中高度での戦術的戦闘だけでなく、高高度を飛ぶ米軍の重爆撃機と戦わねばならなくなっていた。後者は彼らの頭上を飛び越えて被占領地域の奥深くにまで侵入距離を延ばし、ドイツ本土へも行動範囲を拡げ始め、出撃の回数と機数は増大し続けていた。間もなく「本土防空戦」と呼ばれるようになるこの戦いの中で、第2戦闘航空団はすでに防御の最前線に立っていたのである。

　JG2はベテランの前線戦闘機部隊であるというステータスに誇りをもっていたが、この二重の任務を担うためのコストは大きかった。1943年の末までに200名近くのパイロットが戦死、または行方不明となった。人的損害を前の時代と比較してみると、「電撃戦」と「英国本土航空戦」の2段階を戦った1940年のパイロット損失の合計は36名だった！　そして、1943年の損失のリストの中で大半を占めるのは新入りで経験の乏しい補充パイロットだが、驚くほどの数の編

ゲオルク=ペーター・エダー少尉は、1943年3月28日、ボーモン付近でB-17と交戦して、乗機がエンジンに被弾した時に負傷し、ボーモンに着陸する時、機体が前のめりになってとんぼ返りしたが、幸運にも機から脱出することができた。中隊の仲間たちに支えられて救急医療室に向かうエダー。

隊指揮官——その内、9名は中隊長(シュタッフェルカピテン)だった——も含まれていた。

　二段の高度にわたって戦うJG2の戦力を補強するために、ここでふたたび装備改変が行なわれた。Fw190は性能の上で、いまだにスピットファイアIXに対してわずかではあるが優位を保ち、対爆撃機戦闘では安定が良く効果が高い機関砲のプラットフォームであると見られていたが、高高度では性能が急激に低下する弱点があった。このため、第I、第II両飛行隊の装備の一部をBf109にもどすことが決定された。

　1943年の春から夏の初めにかけて、この2つの飛行隊はFw190AとBf109G-6を作戦に併用した。後者は高高度戦闘に当てられ、必要に応じてフォッケルウルフの上段をカバーする位置についた。しかし、ひとつの部隊に2種類の型の機を配備することには難しい点があり、I./JG2はFw190装備にもどり、II./JG2は全面的にグスタフ装備に転換して、この体制はほぼ大戦終結まで続いた。

　戦死者が増して行く状況の下で、JG2の「古顔うさぎ」(アルテ・ハーゼン)は頑張って戦い続けた。3月17日、撃墜29機に達したブルーノ・シュトーレが騎士十字章を授与された。JG2の中で1943年の唯一の受勲者である。その翌月、エーゴン・マイアーが撃墜合計63機に達して騎士十字章の柏葉飾りを授与された。

　英米軍の航空戦力増大が進むに

2./JG2中隊長、ホルスト・ハニヒ少尉(画面の中央右寄り、カメラに背を向けている)はエダーほど幸運ではなく、1943年5月15日に英軍のスピットファイアと衝突して戦死した。この写真ではFw190A-4の機首のあたりに描かれた「鷲の頭」に注目されたい……

……これは樹木で覆われた掩蔽駐機場に入れられた第9中隊のFw190である(胴体下の地面のレールに注目されたい。これに尾輪を乗せて、もっと奥まで機体を引き込むためのものである)。この頁の2枚の写真から、ひとつの見方が生まれた。第I飛行隊の「鷲の頭」は輪郭がやや丸く、もっと角張った輪郭の第III飛行隊の図柄と区別できるという見方なのだが、その当否の結論は出ていない。それ以外にもちょっとした謎がある。第III飛行隊の記号、国籍マークの後方の縦1本のバーが黄色であるのならば、カウリング下部のパネルは何色だったのだろうかという謎である。

つれて、JG2の歴史のこの時期のページは損失の記述が大半を占めるようになった。戦死者の外に、1943年中にはパイロットの負傷者は100名を越えた。それまでの高い戦闘経験も安全を保証するものではなかった。その例は東部戦線から移動して来たふたりのエクスペルテである。

　JG51から転属して来たゲオルク＝ペーター・エダー中尉は、海峡沿岸地区に配備された戦闘航空団「リヒトホーフェン」で戦っている間に二度負傷したが、生き残った。一度目は第2中隊所属だった時期の3月18日であり、ボーモン＝ル＝ロジェ付近でのB-17迎撃で負傷した。二度目は5./JG2中隊長に昇進した後の11月5日であり、ベルギー上空で落下傘降下せねばならなかった。実はエダーは1941年から1945年までの間に少なくとも14回負傷している。その後、柏葉飾りを授与され、最後はMe262ジェット戦闘機で戦って無事に戦争終結を迎えた（最終階級は少佐）。

　エダーがJG2に来た時の最初の中隊長、ホルスト・ハニヒ少尉は騎士十字章受勲者であり、1943年の初めにJG54から転任して来て、2./JG2の中隊長に任じられた人である。彼は不運だった。5月15日にロカンクール付近でスピットファイア約40機の編隊と交戦中に乗機が被弾し、何とか機外に跳び出すことはできたが、落下傘が開かず、戦死した。1944年1月、ハニヒには死後、柏葉飾りが授与された。

　1943年の半ばにはいくつも指揮官の交替があったが、その最初は5月のヘルムート・ボルツ大尉の第I飛行隊からの転出だった。後任のI./JG2飛行隊長は東部戦線のJG51から転任して来た騎士十字章受勲者、エーリヒ・ホハーゲン大尉である。

　それから間もなく、ヴァルター・エーザウ大佐は数日後に幕僚職への移動の発令があると知らされた。彼は2年近くの間、JG2の指揮を取って皆に親しまれており、航空団のメンバーは先ずはエーザウの30歳の誕生日を祝おうと6月28日にパーティーを開いた。その祝宴が盛り上がり始めた1800時頃、敵の爆撃機編隊がボーモン＝ル＝ロジェの上空に進入して来た。

　この敵編隊は4月17日に突然、低高度で進入して来た6機のランカスターとは異なって、高高度を飛ぶB-17 43機だった。前者はドイツ南東部の目標に向かう途中だったのだが、このB-17の編隊はボーモン飛行場自体を目標としていた。爆弾のカーペットが以前は麦畑だったこの土地一面に振り撒かれた。航空団本部の区画とその周辺の建物が殊にひどい損害を受け、I./JG2本部小隊のヨーゼフ・ヘレラー曹長と地上要員19名が死亡し、その外に16名が負傷した。

　この爆撃の3日後にエーザウ大佐はブルターニュ地区戦闘機隊群指揮官の

III./JG2飛行隊長、エーゴン・マイアー大尉。明るい色で軽い生地の夏用ジャケットを着用している。襟元の騎士十字章には、1943年4月16日に授与された柏葉飾りが加えられている。

ボーモン基地の典型的な対爆風防護壁の間に駐機し、スターター電源車のコードを繋いである「緑の13」。これは司令の乗機だが、この日は飛ぶ必要がないようだ。エーザウ大佐が乗機の横をのんびりした表情で歩いているのだから。

職に転出して行った。しかし、ヴァルター・エーザウは長い間デスクを前に座ってはいられず、JG1司令の職に移動した。以前の戦闘出撃停止の措置は都合よく忘れられてしまい、彼は実戦出撃を再開した。そして、1944年5月11日にドイツ中西部のアイフェル高原地帯上空でP-38部隊とのドッグファイトで撃墜されて戦死するまでに戦果を118機に延ばした。

エーザウの後任として戦闘航空団「リヒトホーフェン」司令の職についたのはエーゴン・マイアーであり、彼の転出の跡を埋め、ブルターニュ防空任務の第Ⅲ飛行隊の指揮官に昇任したのは、長らく8./JG2中隊長を務めていたブルーノ・シュトーレ大尉である。

8月には1943年最後の指揮官の交替があった。エーリヒ・ルドルファーが東部戦線のⅡ./JG54飛行隊長に転出し、チュニジア戦線で彼と並んで戦った戦友、クルト・ビューリゲンが後任のⅡ./JG2飛行隊長になった。

この時期までには、米軍の第8航空軍は重爆部隊の護衛にP-47サンダーボルトを出撃させ始めており、JG2はP-47との交戦による初めての損失を記録した(この詳細は本シリーズ第12巻「第8航空軍のP-47サンダーボルトエース」を参照)。P-47の登場によりJG2が受ける強圧はまた一段と高まった。8月15日には第Ⅱ飛行隊が「強力な第8航空軍」の強まって行くパンチ力を直接に体験することになった。彼らのヴィトリー=アン=アルトワ飛行場を目標と

JG2の航空団本部の建物は、駐機地区の対爆風防護壁と同様な構造の補強が施されていたが、1943年6月28日、第8航空軍のフォートレス43機によるボーモン=ル=ロジェ爆撃によって、大きな損害を受けた。これはその空襲以前に本部を南側から撮った写真である。固めた土の外側を材木と板で覆った高い防護壁が全周にわたって造られ、その上が廊下になっているのが、はっきりと分かる。

エーゴン・マイアー少佐(矢印で示されている)はこの時期、ドイツ空軍のトップの「対四発重爆エース」だった。彼自身の戦果を視察している場面である。この時の獲物は第94爆撃航空群のB-17Fであり、パリの南方で撃墜された。

して、80機以上のB-17が襲って来たのである。重爆の護衛戦闘機に撃墜されてパイロット3名が戦死し、地上で戦死5名と負傷者8名の人的損害を受けた。

その24時間後、第8航空軍はル・ブルジェとポワの飛行場を爆撃し、そこではもっと大きな損害が発生した。JG2は一日に被ったものとしてはこの年で最大の人的損害を受けた。パイロット9名が戦死し、爆撃下の飛行場に止むを得ず不時着した2名も含めて6名が負傷したのである。戦死者のひとりは1./JG2の中隊長、フェルディナント・ミューラー中尉だった。その後、8月のうちに、第8航空軍の四発重爆との戦闘で中 隊 長2名が戦死し、もうひとりの中隊長が9月4日にモンシー周辺でのスピットファイア数機との交戦の後に不時着し、重傷を負った。

そのパイロット、5./JG2のクルト・ゴルツシュ中尉は下士官パイロットとして配属されて以来、この航空団で長く戦い続けた。撃墜戦果はチュニジア戦線での14機も含めて43機である。彼は1年以上も入院し、その間に、騎士十字章を授与されたが、脊椎の負傷の悪化のために死亡した。

一時的にではあったが、9月6日に戦いの形勢が逆転した。シュトゥットガルトを目標としたこの日の出撃は、「第8航空軍の歴史の上で最も大きな損害を出した大混乱」に陥った。厚い雲が拡がった天候の中で編隊は広く散開し、B-17 45機がスイスからイングランドの南岸に至るまで欧州西部全体にわたって墜落した。その内の3機はエーゴン・マイアー司令が19分の内にあげた戦果だった。

しかし、このような高い戦果が得られる日は珍しくなって行った。9月16日、I./JG2飛行隊長、エーリヒ・ホハーゲン大尉がレンヌ南方でB-17 16機を攻撃した後、不時着して負傷した。その1週間後、9月23日には死傷者12名の損害を受けたが、その中のひとりは9./JG2中隊長、「ゼップ」・ヴルムヘラーだった。彼はヴァンヌ=ムソン飛行場に緊急着陸を試み、爆弾の断片で負傷した。

このような状況の下で、JG2は他のいくつもの戦闘航空団と同様に、1個飛行隊に4個中隊を配備する編制改変を受けた。この変更の目的は各航空団の戦力を増強することだった。しかし、JG2の場合は追加される3個中隊——第10、第11、第12中隊——がこの編制改変より前に別のかたちですでに

これも麦畑で生涯を終えた戦闘機である。1943年8月12日、国境に近いアーヘンの周辺の地域で刈り入れ後の麦畑に不時着した第II飛行隊のグスタフ。胴体がコクピットの後方で折れている。パイロット、パウル・ミュンガースドルフ少尉(胴体の国籍マークの向こう側に立っている)が乗機、「黒の7」の残骸を調査している。

ビューリゲン第II飛行隊長がクルト・ゴルツッシュ中尉の胸元にドイツ金十字勲章に止めている。これは騎士十字章より一段ランクが下である。その後、ゴルツッシュは損傷した機で不時着して重傷を負った。入院加療中、1944年5月に騎士十字章を授与されたが、背骨の負傷は回復せず、その年の9月に死亡した。

9./JG2中隊長、ヨーゼフ・ヴルムヘラー中尉。1943年9月に撃墜戦果が81機に伸びた時の写真である。方向舵に描かれた「ダブル」の米軍機撃墜バー（2本のバーの上に円形の米軍マークが描かれている）は、米軍の四発重爆撃墜を示している。ドイツ空軍の複雑な戦績評価システムでは、通常の戦闘機1機撃墜が1ポイントであるのに対し、四発重爆1機撃墜には3ポイントが与えられていた。

設置されていた。次の表は、これらの3個中隊がどのように航空団の新しい枠組みに組み込まれたかを示している。

第Ⅰ飛行隊	第1中隊	変更なし
	第2中隊	変更なし
	第3中隊	変更なし
	第4中隊	以前の第11中隊
第Ⅱ飛行隊	第5中隊	変更なし
	第6中隊	変更なし
	第7中隊	以前の第4中隊
	第8中隊	以前の第12中隊
第Ⅲ飛行隊	第9中隊	変更なし
	第10中隊	新設
	第11中隊	以前の第7中隊
	第12中隊	以前の第8中隊

グスタフの前でくつろいでいる4./JG2のパイロットたちと整備員たち。1943年秋、エヴリュー飛行場でのシーンである。このBf109G-6は「カノーネンボート」（20mm機関砲ゴンドラ）を装備している。この中隊は間もなく、航空団内の編制変更によって7./JG2と改称された。

chapter 4
後退、そして敗戦
retreat and defeat

マスタング、戦線に登場

　1943年の末に実施された編制改変は戦闘航空団の兵力増強と戦闘能力向上を目的として実施されたのだが、実際にはほとんどその効果はあがらなかった。限られた範囲ではあるが、すぐに効果が現れる可能性もあった。しかし、年の変わり目に戦線に現れたP-51マスタングが、それを吹き飛ばしてしまったのである。この抜群の長距離護衛戦闘機——英国製のエンジンと米国製の機体がひとつになって生まれた——は、第8航空軍の重爆撃機の編隊とともにヒットラーの帝国の最も奥深い地域までも進出して来た(詳細は本シリーズ第17巻「第8航空軍のP-51マスタングエース」を参照)。

　その頃、英国空軍ではグリフォンエンジン装備のスピットファイアの新しい型が部隊配備に進んでいた(詳細は「Osprey Aircraft of the Aces 5 —— Late Mark Spitfire Aces 1942-45」を参照)。これとマスタングが一緒になって、欧州西部でふたたび優位に立とうとするドイツ空軍戦闘機隊の希望を叩き潰した。

　米英軍の航空部隊が優勢であることは明白だった。それも量の面だけではなく、質の面でも優位に立っていた。これの正面に立って戦うJG2では、1943年の人的損害の厳しい数字が、1944年に入っても減ることなく続くことは明らかだった。この年の春が近づくと、連合軍の航空部隊はノルマンディ——正にJG2の防御担当地域の中心だった——の抵抗力減殺を狙った攻撃を開始

Dデイへの途を固めるために連合軍は強力な航空攻撃を欧州西部に展開した。それと戦うドイツ戦闘機隊の代表的なパイロット3人がここに並んでいる。1943～44年の冬、クレーユ飛行場での写真。左から、ゲーアハルト・ケレンゲッサー伍長、カッペ少尉(中隊長)、ヴォルフガング・ハーニッシュ少尉。エーザウの列機として飛んでいたケレンゲッサーは、1944年3月23日と6月26日に負傷し、ハーニッシュも2月24日と3月27日の2回負傷した(いずれもP-47との戦闘による)。後者は1944年6月20日、ル・マン付近でサンダーボルト2機と戦い、ついに敗れて戦死した。

し、この航空団の損失は一段と激しく増大した。

「リヒトホーフェン」部隊のパイロットたちはベストをつくして強敵と戦い続けた。1944年1月にJG2は2000機撃墜を達成したが、損耗は絶え間なく続いた。1月のパイロットの戦死者は19名であり、その内の3名は中隊長、ひとりは航空団副官だった。1月30日にパリ北方上空での空戦で戦死したフリッツ・エーデルマン大尉は、1942年5月にエーリヒ・ライエの後任となって以来、副官の職を務めていた。

イタリア戦線

英国海峡越えの強圧は絶え間なく続いていたが、もうひとつの戦線の方はどちらかといえば、もっと変化が多かった。

イタリア半島での連合軍の北への前進のペースは低かったが、段々に航空基地の数が増し、そこから欧州南部全体に攻撃を拡げるようになった。1944年1月、エーリヒ・ホハーゲン大尉の第Ⅰ飛行隊はフランス南東部のエクス=アン=プロヴァンスに移動した。これはちょうど、米軍の第15航空軍がこの地方のドイツ空軍の爆撃機基地に対する強力な爆撃を始めた時期に重なっていた。1月27日、第2中隊のパイロット2名が戦死した。ひとりはエクス上空でのB-17編隊に対する迎撃、もうひとりはトゥーロン上空でのスピットファイアとの交戦による戦死だった。

第15航空軍の爆撃の目的は、アンツィオ橋頭堡沖合いの船舶に攻撃をかけて来るドイツの爆撃機隊の基地を叩くことだった。このローマ南方の地点での英米連合軍の上陸作戦はイタリア戦線における膠着状態打開を狙ったものであり、ドイツ空軍の強い抵抗を受けた。I./JG2はエクスからイタリア中部に移動し、カニーノ、カスティリョーネ、ディアボロの発着場に展開した。第Ⅰ飛行隊のFw190とBf109G（第4中隊——元の11./JG2——は元のまま、グスタフを使用していた）はただちに作戦行動を開始し、アンツィオ／ネットゥーノ橋頭堡とその南方へ出撃した。

第Ⅰ飛行隊がイタリア戦線で戦った10週間で最も高い戦果をあげたのは1./JG2中隊編隊指揮官、将校候補者のジークフリート・レムケ曹長だった。しかし、個人の戦果がどれほど高くても、敵に地域の制空権を握られている状況下では不可避である大きな損害に対しては、まったくバランスは取れなかった。そして、そのような大損害は橋頭堡の上空で発生するだけではなかった。3月3日、第15航空軍は強力な護衛を伴う80機以上のB-24によって、ヴィテルボの飛行場とカニーノの発着場を爆撃した。護衛のP-47はドイツの戦闘機7機を撃墜し、その内のFw190 2機とBf109 1機はI./JG2の損失だった。3月17日には第4中隊が圧倒的な連合軍の強圧の前にまたグスタフ1機を失った。歴史上有名なカッシーノの僧院の上空で展開された20機以上のスピットファイアとの格闘戦で、エーリヒ・グロス伍長が撃墜されたのである。

I./JG2のイタリア戦線での最後の交戦は4月6日、第4中隊に残っていたBf109 8機がエクス=アン=プロヴァンスに向かった日に発生した。この編隊

5./JG2中隊長、ゲルト・シェドル中尉は1月29日、バストーニュ付近でのP-47編隊との戦闘によって負傷した。1944年春、負傷から回復したシェドルが、クレーユから出撃しようとしている。この写真ではBf109G-6の翼下面の機関砲ゴンドラがはっきり写っている。

第Ⅰ飛行隊のヴォルフガンク・フィッシャー少尉(右側)は、1944年中に2回、連合軍の戦闘機の攻撃を受けて被弾した。4月6日にはイタリアのグロセット上空で優勢な英国空軍のマスタングの部隊と交戦し、彼のBf109Gは不時着に追い込まれた。フィッシャーは陸路でフランスにもどる途中、ジェノヴァでちょっとした観光を楽しみ、この写真を撮った。その後、間もなく、彼はDデイ翌日に艦船の対空砲火によって撃墜され、捕虜になった。

暗い表情のエーゴン・マイアー。1944年初めの撮影と見られる。マイアーのFw190A-6は機首がブルー塗装だったといわれているが、残念ながら、その写真はまったく残っていない……

第四章●後退、そして敗戦

は海岸線に近いグロセットの上空で2ダースほどの連合軍の戦闘機に襲われた。そこで激しい格闘戦が始まり、敵の1機——英国空軍のマスタングと報告された(第260飛行隊の機と推測される)——を撃墜したが、Bf109 2機が激しい損傷を受け、パイロットのひとりは落下傘降下し、もうひとりは胴体着陸して、いずれも生命に別状はなかった。残った6機のグスタフは無事にリグリア海を越えてエクスに帰還した。それから1カ月ほど、南フランスで「比較的平和で穏やかな日々」を過ごした後、I./JG2は5月の初めに彼らの基地、パリ北方のクレーユに復帰した。

航空団司令の相次ぐ戦死

　海峡沿岸戦線の状況——この年の初めにすでに悪化していた——は、それ以降、劇的に悪化が進んでいた。第Ⅰ飛行隊が南仏とイタリアに派遣されている間に、戦闘航空団「リヒトホーフェン」はふたりの司令を失った。

　先ずエーゴン・マイアーが戦死した。3月2日、マイアーは本部小隊を率い、第Ⅲ飛行隊の先頭に立って出撃した(全体でFw190 14機ほどの編隊だった)。彼はスダン周辺の上空(4年近く前、有名な「戦闘機の日」の戦いが展開された場所)で、彼はB-17の編隊を発見し、ただちに攻撃に入った。しかし、エーゴン・マイアーは降下攻撃に意識を集中していたため、1500mほど高い位置に離れていた29機のP-47の編隊を見逃してしまった。

　サンダーボルトの群れの態勢は典型的な「奇襲攻撃」をかけるのに絶好だった。彼らは次々にFw190を追って降下し、すぐに2機を撃墜した。それに続いて始まった格闘戦は60km以上の広い空域に拡がったといわれ、そこでFw190 4機が撃墜された。

　P-47のパイロットのひとりは、彼が狙ったフォッケルウルフについて、「機首と胴体下面はブルーで、それ以外の敵機全部の機首が黄色だったのとは違っていた」と報告しており、確認することはできないが、おそらくこれがマイアーの乗機だったと思われる。この機は機首とコクピットのあたりに400mの距離からの射弾を浴び、激しい勢いでスナップロールして背面姿勢になり、下の方に拡がった雲の中に垂直に突っ込んで行った。姿勢立て直しの動きは見えなかった。マイアーのフォッケルウルフはモンメディーの南2.5kmの地点に墜落した。

　戦死した時、エーゴン・マイアーはドイツ空軍のトップの対四発重爆エース(フィエルモト・エクスペルテ)であり、確認戦果は25機に達していた。2月5日に西部戦線で初めて撃墜戦果100機を達成した老練なマイアーが、1カ月後に、実戦経験ゼロに等しい「新米(グリーンホーン)」の部隊によって撃墜されたのは、苛酷な運命の落とし穴だったように感じられる。このP-47の部隊、米第9航空軍第365戦闘機グループは10日前に実戦出撃可能と認定されたばかりだった(詳細は「Osprey Aircraft of the Aces 30 —— P-47 Thunderbolt Aces of the Ninth and Flfteenth Air Forces」を参照)。

　彼が戦死した日に、エーゴン・マイアーに対して柏葉飾りの上に加える剣飾りを授与すると発表された。後任としてJG2司令になるクルト・ウーベン少佐はⅢ./JG77飛行隊長として2年半戦って来た将校だった。彼は3月10日に、ルーマニアに配備されていたこの飛行隊(プロエシュティ油田の防空の任務に就いていた)を離れ、西へ向かった。それまでに彼は撃墜戦果110機を重ね、柏葉飾りもすでに授与されていた。

　しかし、1944年春の欧州西部の空は、どれほど高い名声や栄誉も関係が

……彼の後任、クルト・ビューリゲンのFw190。マイアーの乗機とは塗装やマークが異なっている。ドイツ空軍では珍しいスプリンター・カモフラージュであり、司令機を示す二重シェヴロンとバーの描き方もユニークである。

ない激しい戦場になっていた。ウーベン少佐は西部で1機も戦果をあげることなく、マイアーと同じような状況で戦死した。4月27日にランスの西方でP-47の群れに奇襲され、乗機が被弾した。ウーベンは重武装のFw190A-8/R2のコクピットから何とか脱出することができたが、彼の落下傘がうまく開かなかった。(高度が低すぎたという説や、落下傘の縛帯がしっかり締められていなかったという説もある)。

クルト・ウーベンはJG2司令の中で作戦行動中に死亡した者の4人目である。これは大戦全期にわたって、他の戦闘航空団には例のない高い数字である。空軍の上層部はこれまでのやり方とは違って、彼の後任の将校を広く戦闘機隊全体の中からは求めようとしなかった。クルト・ビューリゲンは1936年に1等整備兵として空軍に入った。訓練を受けて1940年に下士官パイロットになって以来、JG2で戦い続け、少佐に昇進し、1944年3月2日には撃墜戦果96機に対して柏葉飾りを授与された。

そのビューリゲンが1944年5月の初めに、II./JG2の職をゲオルク・シューレーダーに引き継いで、第10代、そして最後の「リヒトホーフェン」戦闘航空団司令となった。

短い間隔でふたりの航空団司令が戦死したことは大きな衝撃だったかもしれないが、航空団の戦力に実際的な打撃となっていたのは、階級が高くないパイロットや下級指揮官たちの絶え間なく続く損耗だった。2月の人的損害は戦死または行方不明26名と負傷15名である。負傷者の中には騎士十字章受勲者、ヘルベルト・フッペルツも含まれていた。しかし、彼の負傷は重くはなく、3月にシュトーレ大尉が射撃学校に転出した後(シュトーレは後にI./JG11飛行隊長として第一線に復帰した)、その後任の第III.飛行隊長となった。

3月には中隊長3人が戦死し、4月には4人目が戦死した。その内の3人の戦いの相手はP-47だった。戦後の航空関係の書物や論評の大半は

1944年4月4日、クルト・ビューリゲン少佐(左端)は総統から直接に柏葉飾りを授与された。この日、同様に受勲した人たちは、彼から右の方に続いて、夜戦エースのハンス＝ヨアヒム・ヤーブス少佐。爆撃機隊指揮官、ベルハルト・ヨープ少佐(KG100)、I./KG4のハンス＝ゲオルク・ベッチャー少佐。

JG2の武器担当整備下士官が(左の袖口の円形の袖章──交叉したライフル2挺の図柄──に注目されたい)、重武装のFw190A-6に気軽にもたれている。左側に見えるのはロケット弾発射筒。第Ⅰ飛行隊はこの兵器によって、Dデイに「ゴールド」海岸沖合いの連合軍艦船を攻撃した。

P-51を高く評価しているが、JG2のパイロットたちの多くは、本土防空戦の純粋な高高度戦闘で戦った戦友たちとはちがって、あの8.5トンのデブのサンダーボルトの方が遙かに強力な敵だったと語っている。

ノルマンディ上陸

　欧州大陸上陸作戦の準備段階の戦いは4月30日に最高潮に達した。この日だけで、何度も発生した米軍の戦闘機──P-47とP-51の両方──との戦闘により、JG2は戦死または行方不明13名の損害を受けた。5月の人的損失には中隊長2名が含まれていた。ひとりはシャトーダン付近でFw190　1機対米軍のP-47　3機の空戦で撃墜され、もうひとりはパリの北方で彼のグスタフが英国空軍のタイフーン6機と交戦して撃墜された。

　そして5月の末、米英連合軍の上陸作戦参加部隊がイングランド南部の乗船港に集結し始めている時に、今になって考えてみると信じ難いことのように思われるが、JG2は、それまで長らく防空任務で戦って来た海峡沿岸地区から引き揚げ始めたのである。

　その理由はその前の数週間にわたる「抵抗力減殺」の航空攻撃により、この航空団があまりに大きく損耗したか(5月25日の可動機数は本来の配備定数の三分の一以下に低下していた)、それとも上陸作戦開始日と上陸地点を隠蔽しようとする連合軍の工作に振り廻されて、兵力分散を図ったかのいずれかである。

　その理由が何であったとしても、フッペルツ大尉の第Ⅲ飛行隊はコルメーユを離れ、ラ・ロシェルの北方、大西洋岸に近いフォントネ＝ル＝コントに移動した。5月28日にクレーユを離れたⅡ./JG2の移動の方は、理由が理解しやすい。ゲオルク・シューレーダーと彼の隊のパイロットたちは、くたびれ切ったグスタフを後に残し、自動車と列車を乗り継いでドイツに帰った。Bf109G-6の新しいサブタイプに装備改変するためである。そして最後の部隊の移動は、ノルマンディ海岸に大々的な連合軍の上陸作戦部隊が殺到して来るまで72時間も離れていない6月3日だった。Ⅰ./JG2の4個中隊は、数週間前に移動して

来たばかりのコルメーユ周辺のいくつかの発着場を離れ、320kmほど東方のナンシー地区の同じような数か所の発着場に後退した。

　連合軍の上陸地点までの距離は長かったが、JG2の第Ⅰ、第Ⅲ飛行隊は敵軍上陸の通報に素早く対応した。ヴォルフガング・フィッシャー少尉──イタリア戦線でグスタフに乗って戦い、4月6日に英国空軍のマスタングの攻撃を受けて被弾し、不時着したパイロットである。彼はDデイの戦いをはっきりと記憶している。その体験は典型的なものではないかもしれないが、彼は戦いの場面を活々と描写して語っている。

「6月6日の朝、0500時頃、オートバイ連絡兵が私の宿舎の前に乗りつけ、私の名前を呼んで、一言だけ叫んだ──『敵軍上陸！』。私は彼の後席に乗って滑走路に行き、我々のFw190はただちにクレーユに向かって離陸した。

「クレーユでは全機の翼の下面にロケット弾を搭載する間、我々は2時間ほど待機した。我々が受けた命令は上陸作戦の艦船に対する攻撃だった。私は待機している間に、どうやってロケット弾を艦船に命中させるか、攻撃方法を考えてみた。照準についての指示は要点だけの短いものだった。『1000mの距離で、目標から580m左の点を狙え』。私は船を真横から攻撃すれば、命中の可能性が最も高いと判断した。

「0930時、我々の12機編隊はヴェール＝シュル＝メール（英軍の上陸地区、「ゴールド」海岸の村）に向かって離陸した。ホハーゲンはこの出撃に参加せず、ヴルムヘラー大尉が編隊の先頭に立った。空には十分の七ほどの雲量で厚い雲が拡がっていた。何度も雲の切れ間から連合軍の戦闘機の群れを見かけたが、うまく回避することができた。我々の任務は先ず、艦船にロケット弾を撃ち込むことだった。

「1000時頃、我々はバイユの上空を通過した。この町の一部はすでに炎上していた。我々はセーヌ湾の上を短い距離、沖に向かって飛んだ。敵の意表を衝いて海側から攻撃をかけるためである。高度3000mを飛び、東のオルヌ河河口から西のサン＝メール＝エグリスまで、海岸線全体を見渡すことができた。沖合いには巨大な無敵艦隊（アルマーダ）が拡がっていた。最も外側には戦艦や巡洋艦、内側には輸送船の群れがいて、その先では無数の小型の上陸用舟艇が海岸に向かって走っていた。

「でっぷりして暗い色に塗られた阻塞気球を次々に避けながら飛んだ。幸運なことに、私は針路のほぼ真正面にかなり大きなサイズの船を見つけた──リバティー型の船だったようだ。この船はわずかに左へ船首を向け始めていたので、私は船の針路の前方、船の全長ぐらい先の点を狙い、赤いボタンを押した。普段は増槽タンクを投棄する時に使うボタンである。

「一瞬の後、私の機は火焔に包まれたように見えた。ロケット弾の重量が無くなったので、機体は突然跳ね上がった。すぐにそのショックから立ち直り、私は目標に向かって飛んで行く2発のロケットの尾部の火焔を目で追った。1発は船尾に命中して爆発し、もう1発は船の後方に水柱を立てた。

「ロケット弾の発射チューブ2本を投棄し、緩降下に入って急速に速度を上げ、海岸に向かった。帰還するのだ。海岸では機銃掃射したが、敵の戦闘機がたくさん飛んでいるこのあたりに長居するのは危険なので、すぐに退散した」

　ヴォルフガング・フィッシャーは1045時に無事に着陸した。着陸したのはクレーユではなく、サンリスの近郊の小さい城館の敷地の中の競馬場だった。このような小さく、発見されにくい発着場に戦闘機を分散配置するのは、連

合軍の上陸に備えたドイツ空軍の緊急対応計画の一部だった。

　ホハーゲン少佐と彼の本部小隊は1回出撃し、そこで少佐はタイフーン1機の戦果をあげたが、部隊のパイロットは午後一杯の「休養」(何と素晴らしい!)を与えられた。フィッシャーと仲間のパイロットたちはこの滅多にない機会に、この町の水泳プールへ出かけた。上空、2000mの高度には単機のマスタングが旋回していたが、彼らは土地の人々と一緒に甲羅干しを楽しんだ。しかし、楽しいことはすぐに終ってしまうものだった。フィッシャーの語りは続く。

「夕刻近くにはふたたび戦いが始まった。1930時頃、第Ⅲ飛行隊長、フッペルツ大尉以下のフォッケウルフ5機が着陸した。30分後に彼らが離陸する時、私と仲間ふたりも一緒に出撃した。敵の空挺部隊が降下したカン周辺の地区を目指し、高度400m前後でほぼ真西に向かって飛んでいる時、12機のP-51が低い高度で旋回しているのを発見した。敵は道路上のドイツ軍の車両隊列に機銃掃射を繰り返していたのである。

「カン地区に向かう任務はすぐに頭の中から消え去った。我々の目の前で敵に叩かれている味方の地上部隊を助けることが先なのだ。マスタングは地上掃射に夢中になっていて、我々には気づかなかった。我々、8機のFw190は増槽タンクを投棄し、この状況での攻撃に好適な高度1200mに上昇し、攻撃を始める良い位置についた。

「敵の背後に向かって降下する前に、我々は各々自分が狙う目標、文字通り『自分のマスタング』を選ぶだけの時間の余裕があった。『私のマスタング』は橋梁の上の数台のトラックに対する掃射を終って、まさに上昇に移ろうとしていた機だった。まったくこちらに気づいていないこの機に後方から接近し、私は正確に機関砲弾を撃ち込んだ。このマスタングは緩い降下に入り、河の土手の大きな樹の根本近くに突っ込み、その途端に爆発して、巨大なキャンドルのような火焔の柱に包まれた。

「我々は2130時頃、あたりがかなり暗くなっているサンリスに帰還した。この臨時の基地には興奮が拡がっていた。録音車が待っていて、我々は現場中継

Dデイ+1の夕刻、クレーユ飛行場での帰還後の乾杯。この日、ビューリゲン司令は100機撃墜を達成した。画面の中央、救命胴衣を着ているのが司令である。彼の右脇(画面では向かって左側)に立つ無帽の小柄な人物は、お隣のJG26の司令、ヨーゼフ・「ピップ」・プリラー中佐。中佐は98機目を撃墜したばかりだった。この写真の背景になっている機は、ビューリゲンのスプリンター・カモフラージュのFw190ではない。

のためのインタビューを受けた。戦争のこの時期に、味方の損害無しでの8機撃墜という出撃は、きわめて例外的な戦績と見られたのだ」

　実際に、Dデイは第2戦闘航空団にとって、ノルマンディ攻防戦全体の中で最も高い戦果をあげた1日だった。この日、I./JG2とⅢ./JG2は連合軍の戦闘機を合計で少なくとも18機撃墜した。最初の1機は、クルト・ビューリゲン少佐が正午の少し前に撃墜したP-47だった。これは航空団司令99機目の戦果だった。最も高い戦果をあげたのはヘルベルト・フッペルツ大尉だった。彼は午後早くにタイフーン3機を撃墜した後、彼の編隊が夕刻にエヴルー付近でP-51 8機を撃墜した戦闘で2機撃墜を記録した。

「私たちはあなたの100機撃墜をお祝いします」——プラカードにはこのように書かれている。ビューリゲン本人は、まだ救命胴衣を脱ぐ時間の余裕もないようだ。

　損害の面では、2つの飛行隊がFw190を1機ずつ失った。第3中隊の1機はナンシーからクレーユに向かう途中で墜落し、大西洋沿岸地区からパリ北方の地区に移動して来たばかりの11./JG2の不運なパイロットのひとりは、すぐにルーアンの南でドイツ軍の対空砲陣地の味方撃ちによって撃墜された。

　D+1［ノルマンディ上陸作戦開始日の翌日］には2機が失われた。最初の1機は第10中隊所属であり、敵味方の判断なしに撃って来るルーアンの対空砲陣地に近づき過ぎる失敗を犯した。2機目はヴォルガング・フィッシャーだった。

　フィッシャー少尉はこの日も翼下面にロケット弾を搭載して出撃した。彼の位置は、Fw190 20機の編隊の先頭に立つホハーゲン少佐の列機である。編隊の任務は「ゴールド」海岸沖の船舶に対する攻撃と、敵に奪取されたデュ・オク岬の断崖の上のヴュルツブルク・レーダーを破壊することとされていた。フィッシャーのロケット弾は命中しなかったので、彼は降下して大型のLST［戦車揚陸艦］に機関砲掃射を浴びせた。この船の対空射撃は強烈で、「どんどん拡がって来る蜘蛛の巣の中を飛び抜けるようだった」と彼は語っている。その射弾で彼は負傷し、被弾して大きな損傷を受けた乗機から落下傘降下した。彼は風で海岸まで吹き流され、英軍の兵士2名によって地雷原から救出された。

　この日、6月7日、JG2は橋頭堡の上空で連合軍の戦闘機10機を撃墜した。その内の3機は、新たに将校に任官したジークフリート・レムケ少尉の戦果であり、「ゼップ」・ヴルムヘラーは早朝にカン北方で、彼の98機目の戦果になるタイフーンを撃墜した。しかし、帰還後にクレーユ基地の皆が盛大に祝ったのは、夕刻にカンの上空でP-47 2機を撃墜したビューリゲンの戦果だった。最初の1機撃墜によって、航空団司令は100機撃墜を達成したのである。

　そのお祝い気分は長くは続かなかった。高い戦果が続いた2日間が過ぎると、航空団の命運はふたたび下へ向かい始めた。連合軍の航空優勢の全面的な強圧が恐ろしいほどの損害をもたらしたからである。それまでと同じく、訓練期間の短い補充パイロットが損耗の大半を占めた。最初の1回の実戦出撃で生き残れないものも多かった。しかし、高い経験をもつ編隊指揮官たちの戦死もあった。6月末までの3週間の人的損害は70名に近かったが、その数

には中隊長8名と飛行隊長3名がふくまれていた。

　6月8日の戦果と損失はどちらも3機ずつだったが（前者にはヴルムヘラーとレムケが各1機撃墜したP-51が含まれている）、損失の内の1機はカン付近でP-47に撃墜されたフッペルツ大尉の機だった。フッペルツ（彼は6月24日に柏葉飾りを死後授与された）の後任の第Ⅲ飛行隊長にはヨーゼフ・ヴルムヘラーが任命された。しかし、それまで不敗であるかのように思われていた「ゼップ」にとっても、残された日は長くはなかった。

　ヨーゼフ・ヴルムヘラーはビューリゲン司令と同様にカン付近でP-47 2機を撃墜し（6月12日）、合計戦果を101機に高めたが、それから後に撃墜した連合軍の戦闘機は1機のみだった。6月22日、アランソン北方でカナダ空軍のスピットファイア部隊との格闘戦中に戦死したのである。

　2週間の内で3人目のⅢ./JG2飛行隊長になったのはジークフリート・レムケである。それまで彼は1./JG2中隊長であり、47機撃墜に対して騎士十字章を授与されたばかりだった。

　この時期になって、シュレーダー大尉の第Ⅱ飛行隊がノルマンディ戦線に復帰して来た。Bf109Gの最初の一群は、6月14日にケルンからクレイユの南東、バロンの小さな野原の発着場に到着した。その3日後、彼らは最初の作戦に出撃し、すぐにグスタフ6機を失った。2機は離陸時の衝突事故による損失であり、4機はP-47と対空砲火によって撃墜された。

　それから3日の後（その間にBf109 1機が着陸時に前のめりになって転覆し、廃棄処分された）、Ⅱ./JG2は5機を喪失した。その内の2機はふたたび離陸時の事故によるものだった。このように小さくて巧みに擬装された発着場は、各々にコード名がつけられていた。たとえば、バロンは「ザウヴェクセル」（猪の巣）と呼ばれていた。このような基地はそこに配備された部隊にとって、常時パトロールを続ける連合軍の戦闘爆撃機に発見されにくいという利点はあったが、そこで離着陸するのはあまり楽なことではなかった。特に飛行学校からすぐに部隊に送られて来た訓練不十分なパイロットたちには難しかった。

　とはいっても、もちろん、JG2にとって最も大きいのは空戦による損失だった。6月から7月に移る頃、航空団は一日に1ダース前後のパイロットを失った。ノルマンディ航空戦には新たにひとつ凶暴な様相が現れた。6月25日に死傷した12名のパイロットの内の1名は、落下傘降下中に機銃弾を浴びせられて戦死したのである。しかし、この不運なパイロットが意図的に狙い射されたのか、それとも、第Ⅱ飛行隊のグスタフと、米軍のP-38、P-51との格闘戦の中で飛び交う銃弾を浴びたのか議論が分かれている。

　Ⅱ./JG2は12日前に本国から戦線に到着した50機以上のBf109の内、17機が可動状態だったが、第Ⅰ飛行隊と第Ⅲ飛行隊は激戦の中で全滅に近いほど消耗し、この日に出撃可能なフォッケウルフは5機と8機に低下していた。

　7月11日、エーリヒ・ホハーゲンは最後に残ったわずかなFw190をジークフ

笑顔のビューリゲン司令がジークフリート・レムケ少尉の背中に廻り、騎士十字章のフックを留めている。レムケは47機撃墜に対して6月14日にこれを授与された。彼は大戦末期の10カ月にわたって第Ⅲ飛行隊長として活躍した。

それと同じ時期、ヴァルター・マトーニ大尉は、2つの飛行隊長の職を歴任した。1944年9月～12月には第Ⅰ飛行隊長、1945年1月～2月には第Ⅱ飛行隊長である。

リート・レムケのIII./JG2に引き渡し、新機受領と人員補充を受けるために、列車に乗ってシュレスヴィヒ=ホルシュタイン州のフーズムに向かった。それから1ヵ月、第II飛行隊と第III飛行隊のメッサーシュミットとフォッケウルフは戦い続けた。両隊の保有機は乏しく、各々可動機が2桁台に達することは滅多になかったが、何とか合計16機撃墜の戦果をあげることができた。しかし、その間に両隊は合計でその3倍近い数のパイロットを失なった。

これらの戦死の中で、7月15日にアルジャンタン付近で撃墜されたひとりのパイロットは、高名な一族の出身でなければ、単に戦死者1名増と見られただけだっただろう。この第10中隊のパイロットの名はルタート・フォン=リヒトホーフェン上級士官候補生であり、第一次大戦最高のエース、「レッド・バロン」の一族だった。この一族の若いメンバー、少なくともふたりが第二次大戦中にドイツ空軍で戦って戦死している（もうひとりはFw190地上攻撃機のパイロットであり、1ヵ月前に行方不明となった）。

8月13日、ホハーゲン大尉がI./JG2を率いて戦線にもどって来た。しかし、ノルマンディ攻防戦でドイツ軍は事実上敗北に陥っており、戦闘機隊は空中では兵力の上で圧倒され、地上では基地の後退を迫られ続け、くたびれ切った状態に陥っていた。新たな補充パイロット投入は死傷者の増加につながるだけだった。戦力回復して戦線に復帰したはずのI./JG2は、攻防戦の最後の2週間に戦死者20名を重ねることになった。

前線にもどった翌日、一日の戦闘だけでパイロット6名が戦死した。第I飛行隊の戦果は、シャルトルの南東での苦しい格闘戦で撃墜したP-47 3機とP-51 1機、合計4機だった。その日、8月14日、航空団司令、クルト・ビューリゲンは104機撃墜の戦績に対して柏葉飾りに加える剣飾りを授与された。

ドイツ本土への後退

終末の到来を長く先延ばしすることはできなかった。9日後の8月23日、レムケの第III飛行隊の生き残りのパイロット7名は、新機受領と人員補充を受けるために本国へ引き揚げた。そして25日には、JG2の他の飛行隊もフランスから引き揚げ始めた。

彼らの行先はフランクフルトの北のいくつもの飛行場であり、西部戦線電撃戦開始の直前にこれらの飛行隊が展開した前進飛行場からあまり離れていなかった。つまり、第2戦闘航空団は輪を一廻りして出発点にもどったのである。そして、彼らは敗戦直前の数週間の大混乱が始まるまで、この地区に留まっていた。

グスタフ12機を持って引き揚げて来た第II飛行隊は、先ずフランクフルト西部のエシュボーンで機材と人員の補充を受けた後に、北西50kmのニッダに移ってここを基地にした。I./JG2のFw190は9月第1週に、アーヘンの北東25kmのメルツハウゼンに到着したが、本国に帰還しても休息の余裕はほとんど無かった。9月9日、彼らの新たな基地の北と東で、主にP-47との戦闘によってフォッケウルフ8機を失ったのである。そして、その3日後に、ヴィースバーデン地区上空で50機以上のマスタングの大部隊と戦い、ふたたび8機を失った。これは近い将来の戦いの様相を示すものであり、JG2は兵力増を重ねる連合軍航空部隊との苦闘を続けることになった。

9月28日、第3航空艦隊（Lfl.3）は西部地区空軍部隊（Lw Kdo.West）と改称された。JG2（JG26も同様だった）は以前の組織から新しい組織の指揮下に

第2戦闘航空団「リヒトホーフェン」の10代目、そして、最後の司令、クルト・ビューリゲン中佐の正式なポートレート。騎士十字章の柏葉飾りには剣飾りが加えられている。

移行したが、空軍の戦闘序列の中で西部の「前線」戦闘航空団という特別扱いを受ける地位は変わらなかった。しかし、本土内の基地に配備されたJG2とJG26は、本土防空航空艦隊(ルフトフロッテ・ライヒ)の直接の指揮下にある他の戦闘機部隊と不可分な連繋関係をもつようになって行った。

　これら2つの戦闘航空団も、本土防空部隊の戦闘機を示す幅広の帯——航空団、飛行隊ごとに異なった柄と色が定められていた——を胴体後部に塗装するように指示された。JG2は黄／白／黄の鮮やかな3本並びのバンドと定められたのだが、そんなものを塗装した「リヒトホーフェン」の機は1機も無かったと元隊員は言い切っている。

　第3航空艦隊が西部地区空軍部隊に改称された翌日、エーリヒ・ホハーゲン大尉——着陸事故によって頭部に重傷を負っていた——は、第Ｉ飛行隊長の職を5./JG26中隊長だったヴァルター・マトーニ大尉に引き継いだ。

　III./JG2はベルリン北東方のデル・ノイマルクで新型のBf109への装備を完了し、10月半ばにフランクフルトの北東20kmのアルテンシュタットに配備された。第II飛行隊はすでに航空団本部小隊とともにニッダを基地としており、これでJG2は全面的に前線配備の状態にもどった。

　損失は続いたが、少し前のノルマンディ攻防戦の時期の大出血に比べれば、はるかに少なくなっていた。11月には、航空団は保有機数を増加に転じることができた（可動機数が11月初めの78機から、月末には91機に増加した）。この増加を可能にした要因のひとつは、燃料のストックが危険なレベルまで低下したため、出撃回数が少なくなったことである。しかし、戦闘機隊総監アードルフ・ガランドが熟慮して提案した方針の結果でもあった［総監は指揮命令系統の職ではなく、幕僚職］。

　この時期、米軍の重爆撃機は1000機前後の兵力でドイツ本土上空に堂々と進入していた。それに対し、昼間戦闘機の兵力を温存し、十分な兵力が整った時にそれを大規模で集中的な1回の攻撃に投入し、この敵に決定的な大打撃を与えるというのがガランドの方針だった。好機にこの「巨大なパンチ(デア・グロース・シュラーク)」作戦を実施し、数百機の四発重爆を叩き落とせば、相当の期間にわたって第8航空軍の戦意と戦力を低下させ、ドイツ爆撃を当分継続できなくすることができると彼は考えたのである。

　戦闘機隊は保有機の増大と併行して、新型機の配備を受けた。JG2では第II飛行隊がグスタフの発達型、Bf109KがG型と併用されるようになり、III./JG2では「長っ鼻(ラング・ナーゼン)」、Fw190D-9への装備改変が始まった。

「バルジ攻防戦」

　12月に入って、JG2の基地にはあまり歓迎されない装備品が送り込まれた。爆弾装架である。ガランドの「巨大なパンチ」作戦は延期（実際にはヒットラーの判断によって、事実上放棄された）され、温存されていた大量の戦闘機兵力は11月20日過ぎから西部の前線飛行場に移動した。ヒットラーが計画したもっと野心的な作戦、アルデンヌ森林地帯での反攻作戦の支援に当たるためである。

　その作戦には4年前のフランス侵攻作戦の再演ともいえる戦術が用いられた。ドイツとベルギーの国境の東と西に拡がる森林丘陵地帯を、21個師団の兵力で突破する奇襲攻撃作戦が計画されたのである。この時の目標地点はアントワープだったが、戦略的な目的は1940年の作戦と同じで、連合軍の地

上兵力を2つに分裂させることだった。

「ラインの護り」作戦(このドイツ軍のコード名は防御的な作戦という印象を与えやすいので、現在は「バルジ攻防戦」と呼ばれるのが普通である)は12月16日に開始された。この作戦開始日は天候不良という予報に合わせて選ばれた。優位に立つ連合軍の航空部隊が、悪天候によって行動できなくなることを期待したのである。

厚い雲のために在英国の米軍の重爆は出撃を中止したが、すでに大陸の基地に進出していた連合軍の戦術航空部隊への影響はやや少なかった。12月17日、ロケット弾を搭載したⅢ./JG2のFw190の編隊が、第Ⅱ飛行隊の2ダースほどのメッサーシュミットの護衛とともに、モンシャウ西方の米軍砲兵陣地に対する攻撃に向かった。この攻撃部隊はP-47と交戦し、グスタフ4機が撃墜された。同じ日の別の出撃で、I./JG2はP-47と戦ってFw190 4機を失った。

12月18日、JG2は「バルジ」[連合軍の占領地の中に張り出したドイツ軍の侵入地域の意]の西側面で、P-47によって3機を撃墜された。その内の2機はⅡ./JG2の最新型機、Bf109K-4だった。その5日後、天候がやや回復すると米第9航空軍の中型爆撃機が出撃し、JG2はこの短期の「攻防戦」の間で最大の損害を被った。JG2はJG3, JG11とともに、ライン河西岸の鉄道を攻撃する60機ほどのB-26マローダーの部隊と交戦した。

米軍は爆撃機16機を撃墜されたが、護衛戦闘機は迎撃部隊に大きな損害を与えた。JG2の損失は10機、その内の5機は第Ⅲ飛行隊の所属であり、それには第12中隊のFw190D-9 1機も含まれていた。これはJG2が失った最初の「長っ鼻」である。

12月24日、欧州西部は高気圧に覆われて晴天が拡がり、米第8航空軍の「重爆」が出撃して来た。連合軍の航空部隊は苦戦している地上部隊を支援するため、飛べる機をすべてこの地域に投入した。目標リストの中で最も優先度が高いのはドイツ空軍の飛行場であり、JG2の本拠地であるフランクフルト周辺の飛行場群だけでも400機以上のフォートレスの爆撃を受けた。航空団の大部分の機は最激戦地、バストーニュ地区の上空で戦っていたが、勇敢なふたりのパイロットが自分たちの飛行場を守ろうと迎撃に飛び、ひとりはニッダ、もうひとりはメルツハウゼンでP-51に撃墜された。

JG2は1944年の最後の週に少なくとも3機を失った。12月27日にボンの北西方でグスタフ2機が撃墜され、その4日後、コブレンツ上空を単機で飛んでいた第Ⅰ飛行隊の「長っ鼻」が撃墜された。

「ボーデンプラッテ」作戦

このFw190D-9が12月31日に基地から65kmも離れた空域を飛んでいた理由は不明だが、西部の戦闘飛行隊のほぼ全部は年の暮れの一日、飛行活動を停止していた。その翌日、元旦の早朝に実施と計画されている大作戦の準備のためである。バルジ作戦の航空支援に当たる戦闘機と地上攻撃機はすべて、第Ⅱ戦闘機軍団司令官、爆撃機隊出身のディートリヒ・ペルツ少将の指揮下に置かれていた。彼はバルジ作戦が始まる前から、大兵力を投入してベルギーとオランダにかけて拡がっている連合軍の戦術航空部隊の多数の基地を、一挙に覆滅する作戦を計画していた。実施が遅れ続けていたこの作戦を、この時期になって実施するように彼は空軍最高司令部から命じられたのである。ドイツ軍の地上部隊は「バルジ」からの撤退を始め、この大規模な航

空攻撃はまったく時機を逸していたのだが。

　この作戦に投入される11の戦闘航空団は、各々1カ所、または2〜3カ所の特定の攻撃目標を割り当てられた。JG2の攻撃目標はベルギーのサン・トロン、少し前までドイツ空軍の夜間戦闘機の基地だった飛行場である。航空偵察写真と台上に作られた立体模型を使って、ビューリゲン中佐と3名の飛行隊長はパイロットたちに作戦計画を説明した。パイロットの大半は実戦経験がゼロに近い状態であり、厳重な無線封止が命じられているので、指揮官たちの指示は実質的に「編隊を組んで、俺について来い」以上のものではなかった。

　たったこれだけの行動の指示にすらついて行けない者もあった。第11中隊の若いパイロットのひとりは、アルテンシュタートから0800時に離陸した直後に「長っ鼻」のJumoエンジンが火災を起こし、ライン河の手前で墜落して、戦闘航空団「リヒトホーフェン」の最悪の日の最初の死傷者となった。

　90機を越えるJG2の編隊は、ケルンから飛んできたⅢ./SG4のFw190F-8地上攻撃機の編隊と計画通りに合流し、アーヘンの郊外で戦線を越えた。それから目標までの60kmの飛行の間に、JG2は敵の対空射撃によって12機以上を撃墜された。その内の1機はⅡ./JG2飛行隊長、ゲオルク・シューレーダー大尉のBf109G-14だった。大尉はベルギー領アルデンヌ地方のヴェルヴィエ付近に落下傘降下し、捕虜になった。

　その後、事態はもっと悪化した。サン・トロンの上空には戦闘機パトロールが配置され、対空砲陣地も即戦態勢で待機していた。JG2の戦闘機が低高度で進入し、駐機してあるP-47の数機の列線に向かうと、強烈な対空射撃を浴びせられた。基地の中のすべての火器が彼らを狙って撃ち上げられてい

1945年4月にバイエルン州アンスバッハで撮影されたものとおもわれる。この炎上した後の残骸はJG2の所属だったといわれている。背景の機は第9航空軍第354戦闘航空群のP-51D。

この「長っ鼻」も「リヒトホーフェン」航空団の機だといわれている。この機の胴体後部の帯——第III飛行隊の記号、縦のバーによって二分されている——は本当に黄色／白／黄色なのだろうか（この機の別の写真では確かにもっと明るい色に見える）。この見捨てられた孤独な機は、1945年の春、ドイツ国内のどこかで撮影された。これは所属部隊も機番も不明の機だがこれを記念碑と見ようではないか。第二次大戦で戦死または行方不明となった戦闘航空団「リヒトホーフェン」のパイロットたち——750名以上が記録されている——の記念碑としようではないか。

るように思われた。被弾した何機かはそのまま地面に突っ込み、運の良い者は弾幕を通り抜けて上昇に移り、それから落下傘降下することができた。

　短時間の攻撃の後、JG2は帰途についた。この時までに出撃の四分の一が失われていた。帰る先である基地も確実に安全な場所とはいえなかった。連合軍の防空体制は地上と空中にわたって全面的に活動しており、攻撃部隊は帰途でも多数の機を失った。この作戦のバランスシートはJG2にとって哀しい幕碑銘と同様だった。「ボーデンプラッテ」（基盤）作戦——1945年1月1日の連合軍飛行場に対する奇襲攻撃作戦——は、実質的な戦力をもつ戦闘機部隊としての戦闘航空団「リヒトホーフェン」の存在の終わりを告げる弔いの鐘を鳴らしたのである。

　JG2はほんの一握りの敵の戦闘機を地上で破壊したが（サン・トロンに配備されていいた米軍の2つの戦闘航空群、第48と第404は、両隊合計でP-47 12機を破壊されたと報告している）、損害はパイロットの戦死または行方不明33名（不明者の内10名は捕虜になっていた）と負傷4名だった。

　これらの人的損害——出撃人員の40パーセントに近い——が全面的に補充されることはなかった。JG2がある程度の規模の作戦行動にふたたび参加するようになったのは、2週間後のことである。その間に多少の補充パイロットが配備され、航空団の装備機がすべてFw190D-9に切り換えられた。

1945年冬の戦い

　1945年1月14日、ドイツ上空におけるドイツ空軍と米第8航空軍の間の最後の大規模な戦闘が展開された。この激闘で欧州西部のドイツ空軍は最終的に背骨を叩き折られた。この日のドイツ戦闘機隊の損失はパイロット139名に達したのである。この中でJG2の損害は「長っ鼻」4機喪失に過ぎなかった。この事実は、この航空団の1月1日の損耗がいかに激しいものだったかを物語っている。

　しかし、戦闘の苛酷な現実の場面とはかけ離れて、ドイツ空軍の組織機構は円滑に作動し続けていた。ボーデンプラッテ作戦で行方不明になったゲオルク・シュレーダーの穴は、第I飛行隊長ヴァルター・マトーニの移動によってすぐに埋められた。この新任の第II飛行隊長は1月2日に騎士十字章を授与されていた。

　I./JG2はフリッツ・カルヒ大尉が飛行隊長代理として指揮をとることになった。カルヒは1942年の秋に軍曹として第6中隊に配属され、11月にチュニジアで初撃墜を記録し、長くこの航空団で戦って来た人である。しかし、2月にマトーニ大尉が不時着によって重傷を負うと、カルヒはII./JG2にもどって飛行隊長となり、ドイツ降伏の時まで指揮をとり続けた。

　カルヒが臨時に指揮していた第I飛行隊には、外部から次の飛行隊長が転任して来た。騎士十字章受勲者、撃墜44機のフランツ・フルトリッカ大尉である。彼は5./JG77中隊長だった時、アルンヘム付近でのスピットファイアとの格

闘戦で負傷し、回復後にこの職に補せられた。着任後に撃墜戦果1機を重ね、3月23日に柏葉飾りを授与されたが、その48時間後にフランクフルトの北東方で米軍の戦闘機に撃墜された。

　この時機までのJG2の出撃は回数も出撃機も少なかったが、事実上、「低・高高度兼用」の前線部隊として戦い続けた。2月25日にはダルムシュタットの東で第8航空軍のB-24の編隊と高高度で交戦し、D-9　2機を失った。そして、3月2日には、マインツ付近でB-26中型爆撃機を護衛している第9空軍のP-38、P-47と戦い、Fw190D-9「長っ鼻」5機を撃墜された。

　それから1週間も経たない内に、JG2のフォッケルウルフは爆撃任務にも使用された。米軍に占領されたレマーゲンのライン河橋梁を目標として、低高度で250kg爆弾を投下するために出撃したといわれている。

　4月の初めには、JG2は正式に本土防空航空艦隊に編入された。この航空団のFw190D-9──可動機は16機──の胴体後部の幅広の3本の帯は議論の種になっているが、この組織上の変更の際に塗装されたのかもしれない。

最後の任務

　JG2の防空部隊としての活動期間は、守るべき「帝国」の領域が急速に縮小して行く中で、あまり長くは続かなかった。戦争終結の直前の数週間に入って、JG2は東方へ移動した。バイエルン州を経由して、元はチェコスロヴァキアの一部だったボヘミア保護領へ移動したのである。これは皮肉な巡り合わせだった。ドイツ空軍の全体の中で、西部戦線での活動によって最も広く知られたこの戦闘航空団が、大戦の最終期になって、戦歴の出発点だった「東部」の戦線にもどって来たのである（6年前、ポーランド進攻作戦開始から1週間以上も後に、第1中隊がポーランド国境近くに派遣され、空戦の機会もなく作戦終結に至った。それ以降、この旧チェコ領への移動はJG2が東部戦線に現れる初めての機会だった）。

　第Ⅲ飛行隊が姿を消したのは、JG2がボヘミアへ移動した時のことである。ジークフリート・レムケ大尉が、残っていたパイロットたちを率いて、南北に分断されたドイツ（米軍とソ連軍が4月25日にベルリンの南々西100kmのエルベ河河畔で合流した）の北側の地域に移動したという見方がある。しかし、空軍の最後の戦闘序列（5月初めのもの）の中で、北部地域のどの航空師団の下にもⅢ./JG2の隊名は含まれていない。

　一方、ビューリゲン中佐と彼の指揮下に残った2個飛行隊は命令通りに東方へ移動した。彼らは第8地区航空部隊（ルフトヴァッフェンコマンド）の下に編入され、縮小した末の第Ⅸ航空軍団（フリーガーコーア）（J）の指揮下に置かれた。この軍団はジェット機の部隊だけを集め、一時は強力だったが、敗戦直前のこの時期にはJG7の本部小隊と第Ⅲ飛行隊が残っているだけだった。ひと握りほどの数に減ったMe262はプラハ＝ルツィン飛行場を基地にしており、それに対する敵の航空攻撃を防御するのがJG2の任務とされ、周辺の飛行場に配備された。ビューリゲンの本部小隊とカルヒの第Ⅱ飛行隊はエガー、第Ⅰ飛行隊（フルトリッカが戦死した後、アイックホフ中尉が指揮を取っていた）はプラハの西120kmのカールスバトである。

　この新しい──そして最後の──任務についた期間は、その前の「本土防空」任務より短かった。欧州での戦争終結の数日前、パルドゥビツェに司令部を置く第8地区航空部隊の司令官、ザイデマン大将から最後の命令が送られて来た。JG2の本部小隊、第Ⅰ飛行隊は解隊し、第Ⅱ飛行隊をプラハに移動

させよという命令だった。

　ビューリゲン司令とカルヒ大尉——彼は4月17日か、その前後に騎士十字章を授与されていた——はその命令に従わず、航空団の残りの機材と人員を本国のバイエルン州に引き揚げさせた。航空団がシュトラウビングの郊外の小さな野原に到着してから間もなく、パットン将軍の米第3軍の機甲部隊の先頭がこの地区に接近して来たので、JG2は残っていた1ダースほどのFw190D-9をトーチランプで破壊処分した。

　第2戦闘航空団「リヒトホーフェン」は第三帝国の最古参の戦闘機部隊であり、戦前のドイツ空軍ではゲーリングお気に入りの対外宣伝用の展示品(ショーピース)となり、大戦中にはセーヌ河河口からビスケー湾まで、フランスの沿岸地域の上空を長期にわたって支配し、2700もの航空戦闘で勝者となった。その11年間の歴史はここで幕を閉じたのである。

付録
appendices

歴代指揮官　（†）は戦死
■「リヒトホーフェン」戦闘航空団司令

姓	階級	名	就任	離任
ライテル	少佐	ヨハン	36.04.01	36.06.08
フォン=マツソウ	大佐	ゲルト	36.06.09	40.03.31
フォン=ビューロウ=ボトカンプ	大佐	ハリー	40.04.01	40.09.02
シェルマン	少佐	ヴォルフガング	40.09.03	40.10.19
ヴィック	少佐	ヘルムート	40.10.20	40.11.28（†）
グライゼルト	大尉	カール=ハインツ（代理）	40.11.29	41.05.15
バルタザル	大尉	ヴィルヘルム	41.02.16	41.07.03（†）
エーザウ	中佐	ヴァルター	41.07.	43.06.
マイアー	中佐	エーゴン	43.07.1	44.03.02（†）
ウーベン	少佐	クルト	44.03.	44.04.27（†）
ビューリゲン	中佐	クルト	44.05.	45.05.

飛行隊長
■ I./JG2（その前身の部隊組織を含む）

姓	階級	名	就任	離任
フォン=グライム	少佐	ロベルト・リッター	34.04.01	35.04.01
フォン=デリング	少佐	クルト	35.04.01	36.04.01
フィエック	少佐	カール	36.04.01	39.10.17
ロト	大尉	ユルゲン	39.10.17	40.06.22
シュトリュンペル	大尉	ヘニヒ	40.06.22	40.09.07
ヴィック	大尉	ヘルムート	40.09.07	40.10.20
クラール	大尉	カール=ハインツ	40.10.20	41.11.20
プレシュテレ	大尉	イグナツ	41.11.20	42.05.04
ライエ	中尉	エーリヒ	42.05.04	43.01.
ボルツ	大尉	ヘルムート	43.01.	43.05.
ホハーゲン	少佐	エーリヒ	43.05.	44.09.28
マトーニ	大尉	ヴァルター	44.09.	44.12.
カルヒ	大尉	フランツ（代理）	44.12.	45.02.
フルトリッカ	大尉	フランツ	45.02.	45.03.25（†）
アイックホフ	中尉		45.03.26	45.05.

■ II./JG2（その前身の部隊組織を含む）

姓	階級	名	就任	離任
ライテル	少佐	ヨハン	35.04.01	36.04.01
フォン=シェネベック	少佐	カール=アウグスト	36.04.01	（I./JG141に改編）
シェルマン	大尉	ヴォルフガング	39.11.	40.09.02
グライゼルト	大尉	カール=ハインツ	40.09.02	42.05.01
ボルツ	大尉	ヘルムート	42.05.01	42.12.
ディックフェルト	大尉	アードルフ	42.12.	43.01.
ルドルファー	中尉	エーリヒ（代理）	43.01.	43.05.
ルドルファー	大尉	エーリヒ	43.05.	43.08.
ビューリゲン	大尉	クルト	43.08.	44.05.
シュレーダー	大尉	ゲオルク	44.05.	45.01.01（捕虜）
マトーニ	大尉	ヴァルター	45.01.01	45.02.
カルヒ	大尉	フランツ	45.02.	45.05.

姓	階級	名	就任	離任

■ III./JG2（その前身の部隊組織を含む）

姓	階級	名	就任	離任
ボルマン	少佐		38.07.01	（II./JG141に改編）
ミクス	少佐（博士）	エーリヒ	40.03.	40.09.23
ベルトラム	中尉	オットー	40.09.23	40.10.28
ハーン	少佐	ハンス	40.10.29	42.11.
マイアー	大尉	エーゴン	42.11.	43.06.30
シュトーレ	大尉	ブルーノ	43.07.01	44.03.
フッペルツ	大尉	ヘルベルト	44.03.	44.06.08（†）
ヴルムヘラー	大尉	ヨーゼフ	44.06.08	44.06.22（†）
レムケ	大尉	ジークフリート	44.07.	45.05.

■ IV./JG132

姓	階級	名	就任	離任
オスターカンプ	少佐	テオ	38.07.01	（I./JG331に改編）

■ IV.(N)/JG2

姓	階級	名	就任	離任
ブルーメンザート	大尉		40.02.	（II./NJG1に改編）

騎士十字章などの受勲者

JG2の隊内で騎士十字章とそれ以上の位階の勲章受勲者全員を受勲順に表示してある。
日付に続く（　）内の数字は、受勲時の撃墜戦果数である。

姓	階級	名	騎士十字章	柏葉飾り	剣飾り
フォン=ビューロウ=ボトカンプ	中佐	ハリー	40.08.22（0）		
ヴィック	中尉/少佐	ヘルムート	40.08.27（20）	40.10.06（42）	
マホルト	軍曹	ヴェルナー	40.09.05（21）		
シェルマン	少佐	ヴォルフガング	40.09.18（10）		
ハーン	中尉/大尉	ハンス	40.09.24（20）		
ベルトラム	大尉	オットー	40.10.28（13）		
シュネル	少尉	ジークフリート	40.11.09（20）	41.07.09（40）	
クラール	大尉	カール=ハインツ	40.11.13（15）		
ルドルファー	少尉	エーリヒ	41.05.01（19）		
バルタザル	大尉	ヴィルヘルム	41.07.02（40）		
マイアー	少佐/大尉	エーゴン	41.08.01（20）	43.04.16（63）	44.03.02（102）
ライエ	中尉	エーリヒ	41.08.01（21）		
プフランツ	中尉	ルードルフ	41.08.01（20）		
ビューリゲン	軍曹/少佐	クルト	41.09.04（21）	44.03.02（96）	44.08.14（104）
ヴルムヘラー	軍曹/少尉	ヨーゼフ	41.09.04（24）	42.11.13（60）	44.10.24（102）*
リーゼンダール	大尉	フランク	42.09.04（?）*		
シュレーター	中尉	フリッツ	42.09.24（7）		
シュトーレ	中尉	ブルーノ	43.03.17（29）		
ゴルツッシュ	中尉	クルト	44.02.05（43）*		
レムケ	少尉	ジークフリート	44.06.14（47）		
フッペルツ	大尉	ヘルベルト	44.06.24（68）*		
フルトリッカ	大尉	フランツ	44.08.09（44）		
マトーニ	大尉	ヴァルター	45.01.02（44?）		
カルヒ	大尉	フランツ	45.04.17（47?）		

＊死後授与

■ 撃墜50機以上のJG2パイロット

姓	階級	名	西部戦線での撃墜数	その内の四発重爆	第二次大戦合計撃墜数（東部戦線も含む）
ビューリゲン	中佐	クルト	112*	（24）	112
マイアー	中佐	エーゴン	102	（25）	102
レムケ	大尉	ジークフリート	95*	（21）	96
ヴルムヘラー	大尉	ヨーゼフ	93**	（13+）	102
シュネル	大尉	ジークフリート	87**	（3）	93
ルドルファー	少佐	エーリヒ	74*	（10）	222
エーザウ	中佐	ヴァルター	73**	（10）	115***
ハーン	少佐	ハンス	68	（4）	108
ヴィック	少佐	ヘルムート	56		56
プフランツ	大尉	ルードルフ	52		52

＊地中海戦線の戦果を含む。
＊＊西部戦線の他の戦闘航空団の戦果を含む。
＊＊＊この外にコンドル部隊での戦果8機がある。

JG2の代表的な戦闘序列

部隊	配備地	装備機	保有/可動機数

1939年9月1日
第1航空艦隊　第III航空地区司令部（ベルリン）

部隊	配備地	装備機	保有/可動機数
JG2航空団本部	デベリッツ	Bf109E	3/3
第I飛行隊	デベリッツ	Bf109E	41/40

部隊	配備地	装備機	保有/可動機数
第10(夜戦)中隊	シュトラウスベルク	Bf109D	9/9
			合計:53/52

1940年5月10日
第2航空艦隊「ドイッチェ・ブフト」地区戦闘機集団(イェーファー)

部隊	配備地	装備機	保有/可動機数
第IV(夜戦)飛行隊	ホプシュテン	Bf109D	19/18
(第11中隊を除く)		Ar68	36/13
			合計:55/31

第2航空艦隊 トロンヘイム地区戦闘機集団(トロンヘイム)

部隊	配備地	装備機	保有/可動機数
第11(夜戦)中隊	トロンヘイム=ヴァルネス	Bf109D	12/12

第2航空艦隊 第2戦闘機集団(ドルトムント)

部隊	配備地	装備機	保有/可動機数
第II飛行隊	ミュンスター	Bf109E	47/35

第3航空艦隊 第3戦闘機集団(ヴィースバーデン)

部隊	配備地	装備機	保有/可動機数
JG2航空団本部	ヴェンゲロール	Bf109E	4/4
第I飛行隊	バッセンハイム	Bf109E	45/33
第III飛行隊	フレシュヴァイラー	Bf109E	42/11
			合計:91/48

1940年8月13日
第3航空艦隊 第3戦闘機集団(ドーヴィル)

部隊	配備地	装備機	保有/可動機数
JG2航空団本部	ボーモン=ル=ロジェ	Bf109E	3/3
第I飛行隊	ボーモン=ル=ロジェ	Bf109E	34/32
第II飛行隊	ボーモン=ル=ロジェ	Bf109E	36/28
第III飛行隊	ル・アーヴル/オクトヴィル	Bf109E	32/28
			合計:105/91

1941年5月3日
第3航空艦隊 第3戦闘機集団(ドーヴィル)

部隊	配備地	装備機	保有/可動機数
JG2航空団本部	ボーモン=ル=ロジェ	Bf109F	6/5
第I飛行隊	シェルブール=テヴィル	Bf109E/F	39/34
第II飛行隊	ル・アーヴル/オクトヴィル	Bf109E	30/28
第III飛行隊	ル・アーヴル/オクトヴィル	Bf109E/F	27/22
			合計:102/89

1942年5月30日
第3航空艦隊 第3戦闘機集団(ドーヴィル)

部隊	配備地	装備機	保有/可動機数
JG2航空団本部	ボーモン=ル=ロジェ	Bf109G	4/2
JG2本部小隊	リジェスクール	Bf109G	6/5
第I飛行隊	トリクヴィル	Bf109G	12/6
(第1、第2中隊を除く)			
第1、第2中隊	リジェスクール	Bf109G	18/14
第II飛行隊	ボーモン=ル=ロジェ	Fw190A	34/27
(第6中隊を除く)			
第6中隊	トリクヴィル	Fw190A	12/11
第III飛行隊	シェルブール=テヴィル	Fw190A	13/12
(第7、第8中隊を除く)			
第7中隊	モルレ	Fw190A	10/8
第8中隊	サン・ブリュス	Fw190A	12/8
第10(戦闘爆撃)中隊	カン=カルピケ	Bf109F	19/14
			合計:140/107

1943年3月10日
第3航空艦隊 第3戦闘機集団(ドーヴィル)

部隊	配備地	装備機	保有/可動機数
JG2航空団本部	ボーモン=ル=ロジェ	Bf109G	8/6
第I飛行隊	トリクヴィル	Fw190A	35/30
		Bf109G	9/5
第III飛行隊	ヴァンヌ	Fw190A	63/39
第10(戦闘爆撃)中隊	サン・タンドレ=ド=ユーレ	Fw190A	不明
第12中隊	ベルネー	Bf109G	14/7
			合計:129/87

第2航空艦隊 アフリカ方面航空部隊(チュニス)

部隊	配備地	装備機	保有/可動機数
第II飛行隊	ケルーアン	Fw190A	10-7

1944年4月3日
第3航空艦隊 第5戦闘機集団(ジュイ=アン=ジョサス)

部隊	配備地	装備機	保有/可動機数
JG2航空団本部	コルメーユ	Fw190A	6/1
第II飛行隊	クレーユ	Bf109G	43/16
第III飛行隊	コルメーユ	Fw190A	25/10
			合計:74/27

第3航空艦隊 フランス南部地区戦闘機集団(エクス)

部隊	配備地	装備機	保有/可動機数
第I飛行隊(部分)	エクス	Fw190/Bf109	不明

部隊	配備地	装備機	保有/可動機数
第2航空艦隊 南方分遣戦闘機集団(トーレ・ガイア)			
第Ⅰ飛行隊(部分)	ティアボロ/カニーノ	Fw190/Bf109	不明

1944年7月26日
第3航空艦隊 第5戦闘機師団(ジュイ=アン=ジョサス)

JG2航空団本部	クレーユ	Fw190A	5/3
第Ⅰ飛行隊	フーズム	装備改変中	
第Ⅱ飛行隊	クレーユ	Bf109G	28/8
第Ⅲ飛行隊	クレーユ	Fw190A	33/12
			合計：66/23

1944年10月15日
西部空軍部隊 第5戦闘機師団(フラマーズフェルト)

JG2航空団本部	ニッダ	Fw190A	3/2
第Ⅰ飛行隊	メルツハウゼン	Fw190A	36/21
第Ⅱ飛行隊	ニッダ	Bf109G	27/16
第Ⅲ飛行隊	ケーニヒスベルク・イン・デア・ノイマルク	装備改変中	
			合計：66/39

1945年4月9日
本土防空航空艦隊 第15航空師団(？)

JG2航空団本部	(バイエルン？)	Fw190D	0-0
第Ⅰ飛行隊	(バイエルン？)	Fw190D	5/3
第Ⅱ飛行隊	(バイエルン？)	Fw190D	8/4
第Ⅲ飛行隊	(バイエルン？)	Fw190D	12/9
			合計：25/16

カラー塗装図　解説
colour plates

1
Ar65F 「D-IQIP」 1935年4月 デベリッツ デベリッツ飛行隊

アラドAr65Eは最初、1933年の終わり近くに、ドイツ中部宣伝飛行中隊に配備された。その翌年、改良型(あまり大きな相違はないが)のF型が配備され、E型とF型が並んでデベリッツ飛行隊の最初の装備機となった。ここに示されているように、ドイツ空軍の最も早い時期のマーキングは民間機スタイルの5文字コードで構成されていた。ハイフンの前の「D」はドイツを示し、ハイフンの次の「I」は航空機の分類(単発機、最大重量5000kg以下)を示し、その後の3文字(この場合は「QIP」)は各機の識別記号である。1935年9月まで、ドイツ空軍機の垂直尾翼／方向舵の右舷側には赤／白／黒のストライプ──帝政ドイツのカラー──が塗装されていた。この機の胴体の白い帯は編隊長の表示と思われる。

2
He51A-1 「21+E13」 1936年7月 デベリッツ Ⅰ./JG132

それから15カ月が過ぎ、デベリッツ飛行隊という呼称、装備機、マーキングはすべて変更された。このハインケルHe51は1936年6月1日に導入されたシステムによる、アルファベット・数字コードを胴体に示している。国籍マークの十字の左側の「21」はJG132を示す数字であり、十字の右側の「E」はこの機体の個機識別表示、その右の2つの数字は飛行隊「1」と中隊「3」の番号を示している。カギ十字は垂直尾翼／方向舵の左右両面に描かれ、機首はJG132の新しい隊色、赤の塗装になっている。

3
He51B-1 「白の12」 1936年10月 ユーターボグ=ダム Ⅱ./JG132

1段上の図に示されているアルファベット・数字コードは、瞬間的な空対空識別にはまったく不適当だった。早くも1936年9月1日には、視認可能性が高い新しいスタイルのマーキングが戦闘機隊に導入された。白い幾何学的シンボル(シェヴロンやバーなど)と大きなサイズの個機番号を組み合わせたこのシステムは、その先、大戦の終末に至るまでドイツ戦闘機すべてのマーキングの基礎となった。この機の機番「12」に続く水平のバー[横棒]は第Ⅱ飛行隊、後方の円は本機がこの飛行隊の3番目の中隊(すなわち6./JG132)所属であることを示している。機首の赤の塗装は胴体上面に長く延び、中隊表示記号の白い円を目立たせるための帯も赤である。

4
Bf109B-2 「赤の3」 1937年8月 ユーターボグ=ダム Ⅱ./JG132

第Ⅱ飛行隊が最初の数機のBf109の配備を受けた時、この新しい単葉機の暗い緑褐色のカモフラージュに伴って、マーキングの変化がふたたび始まった。個機番号と第Ⅱ飛行隊の記号である横棒は、十字の国籍マークの前と後方の位置に移された。中隊を表示する記号は廃止され、代わりに色彩コードが導入された(最初は、飛行隊内の第1、第2、第3目の中隊は

各々、機番と記号の色を白／赤／黄にしていた)。こうして複葉機の華やかな塗色の時代は急速に終わりに至った。飛行隊を統轄する航空団の独自性は、新たに創られたさまざまなマークや紋章によって示されるようになった。JG132の場合には、この図の通り、銀色の盾形の中に赤字の「R」を描いた紋章を風防の下につけた。

5
Ar68E 「黒のシェヴロン」 1938年9月
フルステンヴァルデ Ⅲ./JG132飛行隊本部小隊

Ⅲ./JG132はズデーテン危機の前、数週間の内に、Ar68装備の半独立的な3つの中隊によって緊急に編成されたのだが、短い時間の内にアラド複葉機全機に教科書通りのマーキングをつけることができた。この機は第Ⅲ飛行隊の標準の記号、「波形」のバーだけではなく、副官を示すシェヴロン1個も書かれている。これはリーゲル少尉(後にⅠ./ZG76で戦った)の乗機と思われるが、パイロットの隊内での地位──飛行隊長に次ぐNo.2──を示す数字「2」がシェヴロンとバーの間に書き込まれている。この数字とスピナーの先端は本部小隊のカラー、グリーンがある。

6
He112B-0 「黄色の5」 1938年9月 ライプツィヒ Ⅳ./JG132

JG132の歴史の中には、いくつか未解決の謎があるが、そのひとつは第Ⅳ飛行隊がズデーテン危機の時に、空軍が「徴発した」ハインケルHe112戦闘機(日本への輸出の準備が済んでいた)を本当に使用したか否かということである。当時のドイツ空軍の標準の塗装とマーキング(胴体の国籍十字マークの後方に第Ⅳ飛行隊の円形の記号が無い点を除いて)を施されたHe112の写真が撮影され、公表されていることは確かである。しかし、ドイツ空軍がこれらの機を実際に使用したのだろうか、それとも連合国を混乱させるためのプロパガンダのために、写真を使っただけだったのだろうか？

7
Bf109D 「白の11」 1939年9月 シュトラウスベルク 10.(N)/JG2

第二次大戦勃発の頃、ブルーメンザート中尉の夜間戦闘機部隊、第10中隊の機の塗装は、当時の標準である濃淡2段のトーンのグリーンであり、国籍マークの後方の大きなサイズの「N」(夜間戦闘を意味する)が、この部隊の実際の任務を示していた。この中隊の機がコクピットのキャノピーを取り外している(この図のように)写真が数多く残っており、探照灯の光線の反射を少なくするため、このような状態で飛ぶことが多かったといわれている。尾部のカギ十字は周囲の帯や円が無くなり、マーク自体だけが方向舵ヒンジの線にまたがる位置に描かれている。

8
Bf109E-1 「白の5」 1939年9月 デベリッツ 1./JG2

パウル・テンメ少尉
この初期型のエーミールは1./JG2所属であり、塗装とマーキングは上の段のD型とほとんど同じ（もちろん「N」の字はない）である。1./JG2はこの航空団の中でポーランド侵攻作戦に参加した唯一の部隊である。この機のパイロット、パウル・テンメは後に第I飛行隊副官となったが、1940年8月13日、「鷲の日」の早朝、ウェスト・サセックス州上空で撃墜された。

9
Bf109E-3 「二重シェヴロン」 1940年5月 フランス戦線
III./JG2飛行隊長 エーリヒ・ミクス（博士）少佐

この機はヘルブラウ（明るい灰青色）が大部分を占める塗装――1939～40年の冬に導入され始めた――であるだけでなく、シェヴロンや波形などの記号があまり一般的でない「縁どりのみ」のスタイルで描かれている例である。第一次大戦で3機を撃墜したミクス博士は、第二次大戦が始まると「奇妙な戦争」の時期（彼はI./JG53で戦っていた）に、フランス空軍のモラヌ戦闘機をチェンバレンのシルクハット」の図柄のマークを機首中央に描いている。これは新I./JG20の隊員としてポーランド作戦にも参加した彼は、どこの戦闘機部隊でも屋台骨を支えていた下級パイロットのひとりとして戦い、第二次大戦の最後まで――彼の戦歴の大半はJG2だった――生き抜いた。

10
Bf109E-3 「黄色の8」 1940年8月
ル・アーヴル／オクトヴィル 9./JG2 ルードルフ・ロテンフェルダー少尉

英国本土航空戦が始まって数週間の内に、JG2のエーミールに塗られた胴体側面のきれいなヘルブラウは、手描きのさまざまな斑点カモフラージュが塗り重ねられて薄汚くなっていった。「黄色の8」も第9中隊が新しく創った「シュテヒミュッケ（蚊）」の図柄のマークを機首中央に描いている。これは「ルディ」・ロテンフェルダーのデザインである。I./JG20の隊員としてポーランド作戦にも参加した彼は、どこの戦闘機部隊でも屋台骨を支えていた下級パイロットのひとりとして戦い、第二次大戦の最後まで――彼の戦歴の大半はJG2だった――生き抜いた。

11
Bf109E-3 「白の8」 1940年9月 シェルブール＝テヴィル
7./JG2 クルト・ゴルツッシュ曹長

この第III飛行隊の機は機首と波形記号が第7中隊所属を示す白で書かれている（上の段の9中隊の機は黄）。この中隊のマークは政治色の濃い「天使の親指とチェンバレンのシルクハット」――シュミト少尉とハンス・クレー曹長の協同デザイン――である。このエーミールと上の段の同型機との大きな相違点は、機首と方向舵の黄色塗装である。これは空対空の識別を容易にするために、8月の末に新たに加えられた塗装である。クルト・ゴルツッシュは長い期間にわたる航空団のメンバーであり、下士官から中尉に昇進して第5中隊長に任命された。1943年11月、英国海峡上空での空戦で被弾した乗機を不時着させた時に、背骨に重傷を負い、長期入院の後、翌年9月に死亡した。最終撃墜戦果は43機。

12
Bf109 E-4 「赤の1」 1940年9月 ワイエ＝ブラジュ 8./JG2

第III飛行隊所属のもうひとつの中隊のマークは、もっと紋章としての正統性をもったものだった。8./JG2の初代の中隊長、アレクサンダー・フォン・ヴィンターフェルト大尉の家門の紋章をベースにしたのである。この図はこのマークが創られて間もない時期、9月に中隊がパ・ド・カレー周辺に展開した時の状態であり、赤い獅子と背景の盾型が黄色の機首にていねいに描かれている。「赤の1」がこの時期の第8中隊長、ブルーノ・シュトーレの乗機であることはほぼ確実である。その後、1943年7月に彼は第III飛行隊長の職についた。

13
Bf109E-4 「黒の二重シェヴロン」 1940年10月
ボーモン＝ル＝ロジェ I./JG2飛行隊長 ヘルムート・ヴィック大尉

ヴィックの乗機は短い期間の内に、「黄色の2」（第3中隊）のマーキングをつけたものに変わったが、このエーミールはその中間にあたる時期の機である。胴体の斑点塗装は密度が濃く（スポンジを使ったのか？）、第I飛行隊の好みで国籍マークはやや目立たない感じにしてある。やや薄目に塗装された黄色のカウリングに描かれているマーク――長い間、彼の個人マークと見られていた――は、実は3./JG2の紋章なのである。ポンメルンの狩猟クラブのペナントをベースにして、狩人と戦闘機パイロットに共通な勝利の叫び、「ホリドー」という文字が書き込まれている。色が、ブルーと黄色であるのは、当時の中隊長、ヘニヒ・シュトリュンペルのスウェーデン系の血筋を表すためである。ヴィック個人の「フォゲライン」（小鳥）のエンブレムは、この時期には見えなくなっている。斑点塗装のためかもしれない。その後の時期には航空団司令のシェヴロンによって全面的に消されてしまった。

14
Bf109E-7 「白の15」 1941年5月 カン＝ロカンクール
7./JG2中隊長 ヴェルナー・マホルト中尉

これは1941年6月9日に、被弾のためにエンジンが停止し、マホルトがスワネージの西、ワース・マトレーヴァーズに不時着した時の乗機であると思われる。このエーミールはE-7の特徴的なとがったスピナーをもち、胴体下面の弾架には250kg爆弾を搭載している。カウリングには第7中隊のマークが描かれ、方向舵には彼の32機撃墜のマークが正確に描かれている。彼の最初の戦果6機はフランス機、残りは英軍機である。最後の2機は5月19日にウェイマス地方で撃墜したスピットファイアである（第234飛行隊の機であるのはほぼ確実だが、この日、この隊の損失は1機だけである）。

15
Bf109F-2 「白の二重シェヴロン」 1941年夏
サン・ポル III./JG2飛行隊長 ハンス・ハーン大尉

マホルトのE-7はIII./JG2が喪失した最後のエーミールとなった。その時期までには、この航空団は性能の高いBf109F――フリードリヒと呼ばれていた――への装備改変をほぼ完了していたからである。この「アッシ」・ハーンのF-2の塗装とマーキングは当時の標準型式であり、その上でカウリングにはこの飛行隊の新しいマーク「雄鶏の頭」が描かれている。これは飛行隊長の名前をひねったものだった。「ハーン」はドイツ語の「若い雄鶏」を意味する単語なのである。この時期、マーキングの変更があり、第III飛行隊を表す「波形のバー」は単純な縦のバーに変えられた。飛行隊本部の機は縦のバーが長く延び、胴体を巻く帯になっていた。

16
Bf109F-2 「白の1」 1941年夏
サン・ポル 7./JG2中隊長 エーゴン・マイアー中尉

「アッシ」・ハーン指揮下の中隊長のひとり、マイアーの乗機であるこのフリードリヒは、第7飛行隊の標準的な記号、垂直のバーをつけている。「白の1」は上の段のハーンの乗機より明らかに濃い斑点塗装であり、その外に相違点が3つある。有名な「赤いR」の航空団紋章が無くなっていること（公式の命令によって実戦用機すべてから消された）、海峡戦線の戦闘機の機首の黄色塗装が下面のみに制限されたこと、そしてアンテナ柱に中隊長を示す金属のペナント（7./JG2のマークが小さく描かれている）が取りつけられていることである。

17
Bf109F-4 「黒のシェヴロンと前後のバー」 1941年秋
サン・ポル JG2航空団司令 ヴァルター・エーザウ少佐

このフリードリヒは特長が乏しくて目立たず、司令を示すマーキングが無ければ、ドイツ空軍戦闘機隊の「大物」中の「大物」の乗機にはとても見えない。マーキングは1936年のパターンに基づいていて、機首寄りにシェヴロン、その後方、国籍マークの前後に水平のバー1本ずつが並んでいる。「グレ」・エーザウは航空団司令の特典のひとつとして、ほとんど同じ塗装のF-4を2機、乗機していた。そして、1941年9月の末にはさらに2機を撃墜し戦果100機を達成するまでになっていたが、2機の乗機のいずれにも撃墜マークはつけていなかった。

18
Bf109F-4 「黒のシェヴロンと十字のバー」 1941年秋
サン・ポル JG2航空団本部付副官 エーリヒ・ライエ中尉

エーリヒ・ライエはエーザウの編隊の2番機の位置についていたので、彼の乗機の塗装は司令の乗機のコピーに近かった。そして、彼も撃墜マークをつけなかった（この時期までには、彼のスコアは急速に30機に近づいていたのだが）。しかし、ライエはひとつだけ自分の個人的な好みを表明していた。彼は戦前の本部小隊（シュタブスケッテ）の2番機だった）の記号（国籍マークの前後の横棒）と、大戦中の航空団副官の記号であるシェヴロンとそのすぐ後の縦棒を組み合わせたのである。こうして、この珍しい、ユニークといってもよい十字のバーの記号が出来上がった。

19
Bf109F-4 「黒のバー2本と四角い点」 1941年秋
サン・ポル JG2航空団本部技術担当将校 ルードルフ・プフランツ中尉

戦前の複葉機の時代の本部小隊（3機編隊）では、国籍マークの前後に水平のバーをつけていた、前の方のバーの上、機首寄りに四角い小さな点が加わっていた。エーザウの本部小隊（4機編隊）の3番機として、プフランツはこのマーキングを選んだ。しかし、このマーキングの機は彼が常用していたのは方向舵の撃墜マークは立派に並んでいたが）、彼の乗機には技術担当将校の記号――シェヴロンと縦のバーと輪が短い間隔で並ぶ――をつけていたという異論もある。マーキングに関しては、JG2の本部小隊――後には6機にまで増した――は各々が自分で決めていたようであり、どのようなパターンもあり得たと思われる。

20
Bf109F-4 「黄色の9」 1941年秋 アブヴィル＝ドゥルカ
6./JG2中隊長 エーリヒ・ルドルファー中尉

ルドルファーのフリードリヒは、上部のカモフラージュの色が71/02（ダークグリーン／RLMグレー）の組み合わせという、あまり一般的でない例である。しかし、もっと珍しいのは、エンジンカウリングの塗装と、それ以外の部分との相違が激しい点である。カウリングが別の機のものと換装された

のではないだろうか（それとも、それまでの黄色塗装の上に何度もスプレーをかけられたのだろうか？）。方向舵の撃墜マークはルドルファーの戦果を正確に表示している――最初の9機がフランス機、その後の30機が英軍機（最後の3機は9月21日に撃墜したスピットファイア3機である）。大戦終結までのルドルファーの戦果合計は驚異的な数字、222機に達し、彼はドイツ戦闘機隊の（同時に世界中の）第7位のエースとなった。

21

Bf109F-4/B　「青の1／シェヴロンとバー」　1942年4月　ボーモン＝ル＝ロジェ　10.(Jabo)/JG2中隊長　フランク・リーゼンダール中尉

フランク・リーゼンダールは空対空戦闘とは異なった分野の「腕達者（エクスペルテ）」であり、エースたちと同様に精細に戦果を機体に表示していた。高い戦果をあげた戦闘爆撃中隊の指揮官である彼は、1941年5月から1942年3月に英国海峡で撃沈または撃破した貨物船6隻（合計2万7500トン）のシルエットを方向舵に描いていた。その間、彼の中隊がF-2からF-4に装備改変した。彼は元の「青の1」の方向舵にある図に描かれている新しい機に取りつけた。リーゼンダールは1942年7月、ドーバー海峡沿岸沖で商船を攻撃している時に戦死した。

22

Bf109G-1　「白の11」　1942年夏　ポワ　11./JG2中隊長　ユーリウス・マイムベルク中尉

1942年半ば、第1中隊を分割して、高高度戦闘専門の11./JG2が新設された。この中隊は新たに登場したばかりのグスタフ、与圧コクピット方式のBf109G-1を配備された。このサブタイプの外見で分かる特長は、マイムベルクの「白の11」の図に描かれている通り、過給機の空気取入口の上の小さな空気取入用スクープ（エア・コンプレッサー給気用）と、コクピットの二重ガラスの間に曇り発生を抑えるために取りつけられたシリカゲルの小球だけである。第11中隊は1942年の末に北アフリカに派遣され、そこでJG2を離れてJG53に編入された。

23

Fw190A-2　「黄色の13」　1942年6月　トリクヴィル　3./JG2　ヨーゼフ・ハインツェラー軍曹

この航空団の機に個人的なマーキングが描かれることは珍しくなかった（ヴィックの「小鳥」は明らかな例外だった）。しかし、このⅠ./JG2の初期型フォッケウルフの1機のカウリングに派手に描かれたエンブレムと名前には、もっと前からの物語がある。Ⅰ.(J)/LG2のパイロットとしてポーランド作戦に参加したハインツェラーのBf109Eには、彼のペットであるスコッチテリアと彼の妻への愛情を示すマーキングが描かれていたといわれる（このFw190ではコクピットの下に「オールド・シャブ」という新しい名が書かれており、これは彼が以前の2者の内のどちらかへの愛情を移したことを示しているように思える）。彼は戦争終結まで生き残ったが、製造番号325のこの機は、その後、訓練部隊に移籍され、そこで不時着して廃棄された。

24

Fw190A-3　「黒の十字バーとバー」　1942年夏　トリクヴィル　JG2本部小隊　フーベルト・フォン＝グライム少尉

JG2航空団本部小隊は一時消滅した後、復活され、Fw190装備に変わったが、風変わりな記号に対する趣味は残った。フォン＝グライムのこの珍しいマーキングは、前年、サン・ポルとボーモンに配備されていた時に、フリードリヒに描かれていたものと同じである。フォン＝グライムは1934年にデベリッツ飛行隊の初代の隊長となったフォン＝グライム少佐（1945年4月、元かいに昇進、ゲーリングの後任の空軍最高司令官に任命された）の子息である。JG2のパイロットには有名な家族の出の者が多く、ヴォルフ・フォン＝ビューロー中尉、ヴァルター・ゲーリング少尉、ルタート・フォン＝リヒトホーフェンなどが並んでいたが、いずれもこの部隊で戦い、そして戦死した。

25

Fw190A-3　「黄色の1」　1942年8月　ボーモン＝ル＝ロジェ　6./JG2中隊長　エーリヒ・ルドルファー中尉

塗装20として描かれていた「黄色の9」の時期から1年近く後のルドルファーの乗機。この間にフリードリヒから新型のFw190に機種が変わり、方向舵のスコアボードも戦果が7機増えている。奇妙なことに、最上段の撃墜マーク――フランス機か？――が1機増して10機になっている。その後、間もなくルドルファーは重傷を負って入院した。そのため、チュニジアへの出発が遅れたが、到着後は戦果の延びの速度を高め、高位エースとしての知名度も高めて行った。

26

Fw190A-3　「白の二重シェヴロン」　1942年9月　ポワ　Ⅲ./JG2飛行隊長　ハンス・ハーン大尉

もうひとり、有名なフリードリヒからフォッケウルフの転換を見てみよう。「アッシ」・ハーンの新しい型の乗機のマーキングは、以前の乗機（塗装図15）とほぼ同じである。飛行隊長のシェヴロンの角度が前の機の方が明らかに浅いのだが。航空団の紋章がコクピットの下から消え、個人の撃墜マークも方向舵から無くなり、カウリングの「若雄鶏の頭」だけが頑張っている。

カラー塗装図解説

27

Fw190A-4　「白の1」　1942年12月　チュニジア　ケルーアン　4./JG2中隊長　クルト・ビューリゲン中尉

この機はⅡ./JG2が北アフリカに移動して来た時の塗装とマーキングの好例である。まだ、ヨーロッパ北部の標準的なカモフラージュであり、カウリング下面と方向舵の黄色塗装は海峡戦線のままだが、すでに地中海戦域の白い帯――胴体後部と、翼の下面の国籍マークの外側――は塗装済みである（イタリアを南下する移動の飛行の間の識別を容易にするためだったのかもしれない）。この機は、1943年3月8日、エーリヒ・エンゲルブレヒト伍長が操縦している時に、ケルーアンの西方で米軍のスピットファイア6機と交戦し、撃墜された。

28

Fw190A-4　「黒の二重シェヴロン」　1943年1月　チュニジア　ケルーアン　Ⅱ./JG2飛行隊長　アードルフ・ディックフェルト中尉

上の段のFw190とは対照的に、飛行隊長の乗機は砂漠色――濃い目のベージュ――を塗装しており、まったく色褪せが見えない。この飛行隊のフォッケウルフの多くは、チュニジア到着後、数週間の内にこの塗装になった（この塗装の機が新たに供給されたのか、それともこの地域で塗装されたのかは不明である）。胴体後部の白いバンドとスピナー先端の白い部分は残されているが、翼下面の白い帯はなくなっている点に注目されたい。これらの機の暗い感じの塗装は、北アフリカの暑い太陽の下で急速に褪色して行った。

29

Fw190A-4　「黄色の4」　1943年2月　ヴァンヌ　9./JG2中隊長　ジークフリート・シュネル大尉

チュニジアの厳しい自然条件から遠く離れたフランスで、「ヴム」・シュネルのあまり汚れていないA-4は、教科書通りの海峡戦線のマーキングをつけている（第9中隊はこの時期、ちょうど、海峡沿岸からビスケー湾方面に派遣されていた）。シュネルは撃墜戦果を几帳面に方向舵に記録しておくタイプのひとりだった。方向舵の上部には騎士十字章を授与された時の撃墜数40を示し、その下に受章後の撃墜のマークを35本並べている。最後の4本には星のマークが描かれ、戦果がUSAAFの機であることを示している。

30

Fw190A-4　「黒の長方形とバー2本」　1943年2月　ボーモン＝ル＝ロジェ　JG2航空団司令　ヴァルター・エーザウ中佐

上段の塗装図、シュネルのカラフルなA-4とは対照的に、北東300km以上も離れたボーモンに基地を持つヴァルター・エーザウの乗機は、まったく目立つところが無かった。彼の以前の時期のフリードリヒ（塗装図17）も派手ではなかったが、それが一段と地味なものに変わっていた。唯一の華やかな色はカウリング下面の黄色だけであり、特徴的なのはカウリング後方の黒地の拡がり――「みっともない排気の汚れ」を隠すための塗装だが、飾り模様のようなものになった――だけであり、それも最も単純な形に留められていた。

31

Fw190A-4　「黒の1」　1943年春　トリクヴィル　2./JG2中隊長　ホルスト・ハニヒ中尉

ホルスト・ハニヒの「黒の1」は、上の段のエーザウの乗機とは逆の方へ極端に進んでいる。フォッケウルフの排気管から流れ出る煤がすぐに付着する区画を隠すための黒塗装に、丹念な飾り模様を加え、誇らしげに見せている。この「鷲の頭」の飾り模様を描いた機の数は、第Ⅲ飛行隊に多かった（塗装図29、シュネルの乗機もそれに近い）。その後、それらの機体はカウリングの塗装をやり直し、「鷲の頭」を消して、その替りにあまり怖く気でない「アッシ」・ハーンの「若雄鶏」のマークをつけた。

32

Fw190A-5　「白の二重シェヴロン」　1943年春　シェルブール＝テヴィル　Ⅲ./JG2飛行隊長　エーゴン・マイアー大尉

エーゴン・マイアーは第Ⅲ飛行隊長在任中に、同じマーキングの機を少なくとも2機乗機にした。1942年の末のA-4（カバー表紙の絵に描かれている）は、1943年の春にA-5（この図）と交替した。塗装図26、Ⅲ./JG2飛行隊当時のハーンによく似た印象だが、マイアーの乗機はいずれも方向舵に詳細なスコアボードが描かれている。この機では合計62機、その内の6機は米軍の四発重爆である。もう1機戦果を加えた時に、彼は騎士十字章の柏葉飾りを授与された。

33

Fw190A-4　「緑の13」　1943年6月　ボーモン＝ル＝ロジェ　JG2航空団司令　ヴァルター・エーザウ中佐

大戦の期間の半ば頃、いくつもの戦闘航空団――JG2も含まれる――は本部小隊の記号を廃止した（よく目立つシェヴロンとバーによって、指揮官機が容易に敵機のパイロットに識別されるためだと思われる）。これらの記号の代わりに、本部の機は番号を書くようになった――通常は20台の数字だった（ふつうの中隊の機番号が10台の半ばを超えることはほとんどなかった）。しかし、常に個性的であるエーザウは「13」を選んだ。この番号は緑

て書かれ、黄色の細い縁どりが加えられていたといわれる。航空団本部小隊の正式の識別色は青だったのだが。彼は方向舵の黄色塗装については規定に従ったが、彼の一貫した考え通り、そこにはすでに100機を超えていた撃墜戦果の表示はまったく無いままだった。

34
Fw190A-6　「黄色の2」　1943年9月　ヴァンヌ
9./JG2中隊長　ヨーゼフ・ヴルムヘラー中尉

「ゼップ」・ヴルムヘラーはジークフリート・シュネルの後任として、ヴァンヌ飛行場配備の9./JG2中隊長となった。したがって、前任者の機（塗装図29）と彼の機のマーキングがほぼ同じであることは当然である。個機番号の違いを除いて、主な相違点は、長らく続いていた飛行隊マーク「若雄鶏の頭」が消えていることである（第Ⅲ飛行隊長はシュトーレに替っていた）。それほど目立たない相違は方向舵の撃墜マークである。ヴルムヘラーは柏葉飾りの図とともに、それを授与された時の撃墜数、60を上部に示し、その下にその後の21機の戦果のマークを描いている。

35
Bf109G-6　「白の2」　1943年秋　エヴリュー　4./JG2所属

第Ⅱ飛行隊は1943年春にチュニジアから帰還した後、ふたたびBf109装備にもどった。この大きめな斑点のカモフラージュを施されたグスタフは、翼下面に機関砲ゴンドラを装備している（この装備をもった機は「砲艦（カノーネンボート）」と呼ばれた）。塗装とマーキングはこの時期の典型的なものである。著者に知られている限りでは、Ⅱ./JG2は飛行隊または中隊を示すマークのたぐいをつけていなかった。それ以前に出されたこの航空団の紋章消去の命令以降、第Ⅱ飛行隊は大戦の三分の二の期間にわたって、紋章無しの状態を続けた。

36
Bf109G-6　「青の6」　1944年4月　クレーユ　8./JG2

これも「お忍び（インコグニト）」スタイルのⅡ./JG2のグスタフ「カノーネンボート」。ノルマンディ上陸作戦開始の1カ月あまり前の状態。この時期には、1個飛行隊は4個中隊編成に拡大されていた。新たに編入された8./JG2（元の12./JG2）は、飛行隊の記号である横のバーも個機番号の色も、従来3つの中隊に使われていた黄、白、赤以外のブルーである。

37
Fw190A-8　「黒の2重シェヴロンとバー2本」
1944年6月　クレーユ　JG2航空団司令　クルト・ビューリゲン少佐

この航空団の本部小隊の長年にわたる個性尊重と規定嫌いの伝統を守り、ビューリゲン少佐のA-8の塗装とマーキングは一風変わっている（後者はJG2司令着任後、2カ月足らずで戦死したクルト・ウーベンが始めたものだといわれる）。全体にわたるスプリンター・カモフラージュと、同じ形のものが2つ前後に並んだユニークな二重シェヴロンに加えて、スピナーの渦巻き塗装と、垂直尾翼の奇怪なスタイルのカギ十字も注目に値する。

38
Bf109G-14　「黒の8」　1944年12月　エティングスハウゼン　5./JG2

このエルラ型キャノピーと背の高い垂直安定板・方向舵をもつBf109G-14では、第Ⅱ飛行隊が飛行隊や中隊の記号を一切つけていなかったこと、ふたたび話がもどる。この機はエティングスハウゼン飛行場（1944～45年の冬にJG2が主に使っていた2つの飛行場のひとつである）に残されていた破損機であり、その写真を基にして、この塗装図は作製された。この機がほぼ確実に「リヒトホーフェン」航空団の所属だろうということは、胴体の国籍マークの後方の第Ⅱ飛行隊を示す横のバーが胴体塗装の上にはっきり見えている状態から推論された（この時期の西部戦線配備の他の3つの航空団の第Ⅱ飛行隊の機は、いずれも本土防空部隊の幅の広い3色帯を胴体後部に塗っていた）。

39
Fw190D-9　「黄色の11」　1945年3月　シュトックハイム　Ⅱ./JG2

1945年初めの数週間の内に、Ⅱ./JG2はふたたびFw190装備にもどり（この時は「長っ鼻」のFw190D-9）、JG2の他の部隊と同じ装備になった。この塗装図も破損した機体（ニッダ飛行場の南10kmほどの小さな発着場で発見された）の写真を基にして作製された。この機体には明らかに本土防空部隊（RV）の帯の全面塗装があった。黄／白／黄の3本の帯だったといわれている。第Ⅱ飛行隊の黄色の横棒が、どのように3色のRVバンドと組み合わされたかに注目されたい。JG2に指示されたRVバンドが、実際にどのようにFw190Dに塗装されたか──異論はあるが──がこの図に示されている。

40
Fw190D-9　「白の4」　1945年5月　シュトラウビング　JG2

JG2は第三帝国の崩壊によって部隊が消滅する直前、大混乱の1週間足らずの間に、胴体後部の帯を塗装し、それからすぐに消したのではないだろうか。その帯塗装は、彼らを敗戦直前の時期に指揮下に置いた本土防空航空艦隊または第8地区航空部隊によって指示されていた。この図は塗装図38、39と同様に、放置された残骸の写真に基づいて作図されたものである。この「白の4」はパットン将軍の第3軍が北部バイエルンに侵入して来た時に発見され、撮影された。したがって、前2者より部隊の終末に近い時の機体の塗装とマーキングを示している。残骸が発見された場所はシュトラウビング、JG2の最後の飛行場であり、そこにはJG2の最後に残っていた1ダースほどのD-9──いずれもこの図と同様な塗装──の残骸が放置されていた。

原書の参考図書　BIBLIOGRAPHY

BINGHAM, VICTOR, *Blitzed! The Battle of France May-June 1940'*. Air Research Publications, New Malden, 1990
CONSTABLE, TREVOR and TOLIVER, COL RAYMOND F., *Horrido! Fighter Aces of the Luftwaffe.* Macmillan, New York, 1968
CULL, BRIAN et al, *Twelve Days in May: The Air Battle for Northern France and the Low Countries 10-21 May 1940*. Grub Street, London, 1995
DIERICH, WOLFGANG, *Die Verbände der Luftwaffe 1935-1945.* Motorbuch Verlag, Stuttgart, 1976
FRAPPE, JEAN-BERNARD, *La Luftwaffe face au débarquement allié.* Editions Heimdal, Bayeux, 1999
FREEMAN, ROGER A., *Mighty Eighth War Diary*. Jane's London 1981
GAUL, W, *Die Deutsche Luftwaffe während der invasion 1944.* Arbeitskreis für Wehrforschung, 1953
GIRBIG, WERNER, *Start im Morgengrauen*. Motorbuch Verlag, Stuttgart, 1973
GREEN, WILLIAM, *Augsburg Eagle: The Story of the Messerschmitt 109*. Macdonald, London, 1971
GUNDELACH, KARL, *Drohende Gefahr West: Die deutsche Luftwaffe vor und während der Invasion 1944*. Arbeitskreis für Wehrforschung, 1959
HELD, WERNER, *Die deutsche Tagejagt*. Motorbuch Verlag, London, 1969
MASON, FRANCIS K,. *Battle over Britain*. McWhirter Twins, London, 1969
MEHNERT, KURT and TEUBER, REINHARD, *Die deutsche Luftwaffe 1939-1945.* Militär-Verlag Patzwall, Norderstedt, 1969
MIDDLEBROOK, MARTIN and EVERITT, CHRIS, *The Bomber Command War Diaries 1939-1945*. Penguin, London, 1990
MÖLLER-WITTEN, HANNS, *Mit dem Eichenlaub zum Ritterkreuz.* Erich Pabel Verlag, Rastatt, 1962
NAUROTH, HOLGER, *Jagdgeschwader 2 'Richthofen': Eine Bildchronik*. Motorbuch Verlag, Stuttgart, 1999
OBERMAIER, ERNST, *Die Ritterkreuzträger der Luftwaffe 1939-1945: Band I, Jagdflieger*. Verlag Dieter Hoffmann, Mainz, 1966
PARKER, DANNY S., *To Win the Winter Sky; Air War over the Ardennes 1944-1945*. Greenhill Books, London, 1994
PAYNE, MICHAEL, *Messerschmitt Bf 109 into the Battle.* Air Research Publications, Surbiton, 1987
PRIEN, JOCHEN / RODEIKE, PETER, *Messerschmitt Bf 109F, G and K Series*. Schiffer, Atglen 1993
PRICE, DR ALFRED, *The Luftwaffe Data Book*. Greenhill Books, London, 1997
RAMSEY, WINSTON G (ed), *The Battle of Britain Then and Now*. After the Battle, London, 1985
RAMSEY, WINSTON G (ed), *The Blitz Then and Now (3 Vols)*. After the Battle, London, 1987-90
RODEIKE, PETER, *Focke-Wulf Jagdflugzeug: Fw 190A, Fw 190D 'Dora', Ta 152H*. Rodeike Eutin, 1999
SCHRAMM, PERCY ERNST (ed), *Die Niederlage 1945*. DTV, Munich, 1962
SCHRAMM, PERCY ERNST (ed), *Kriegstagebuch des OKW (8 Vols)*. Manfred Pawlak, Herrsching, 1982
SHORES, CHRISTOPHER et al, *Fighters over Tunisia*. Neville Spearman, London, 1975
SHORES, CHRISTOPHER et al, *Fledgling Eagles*. Grub Street, London, 1991
SPAETHE, KARL-HEINZ, *Der Rote Baron und seine tollkühnen Manner*. blick + bild Verlag, Velbert, 1972
VÖLKER, KARL-HEINZ, *Die deutsche Luftwaffe 1933-1939*. Deutsche Verlags-Anstalt, Stuttgart, 1967

MAGAZINES, PERIODICALS AND ANNUALS
(VARIOUS ISSUES)

Adler, Der
Berliner Illustrierte Zeitung
Flugzeug
Jägerblatt
Jahrbuch der deutschen Luftwaffe
Jet & Prop
Militärhistorische Schriftenreihe
Signal
Wehrmacht, Die
Wehrwissenschaftliche Rundschau

◎著者紹介｜ジョン・ウィール　John Weal

英国本土航空戦を少年時代に目撃し、ドイツ機に強い関心を抱く。英国軍の一員として1950年代末にドイツに勤務して以来、堪能なドイツ語を駆使し、旧ドイツ空軍将兵たちに直接取材を重ねてきた。後に英国の航空誌『Air Enthusiast』のスタッフ画家として数多くのイラストを発表。本シリーズではドイツ空軍に関する多数の著作があり、カラーイラストも手がける。夫人はドイツ人。

◎訳者紹介｜手島 尚（てしまたかし）

1934年沖縄県南大東島生まれ。1957年、慶應義塾大学経済学部卒業後、日本航空に入社。1994年に退職。1960年代から航空関係の記事を執筆し、翻訳も手がける。訳書に『ドイツ空軍戦記』『最後のドイツ空軍』『西部戦線の独空軍』（以上朝日ソノラマ刊）、『ボーイング747を創った男たち』（講談社刊）、『クリムゾンスカイ』（光人社刊）、『ユンカースJu87シュトゥーカ 1937-1941 急降下爆撃航空団の戦歴』（大日本絵画刊）、などがある。

オスプレイ軍用機シリーズ 28

**第2戦闘航空団
リヒトホーフェン**

発行日	2002年12月8日　初版第1刷
著者	ジョン・ウィール
訳者	手島 尚
発行者	小川光二
発行所	株式会社大日本絵画 〒101-0054 東京都千代田区神田錦町1丁目7番地 電話：03-3294-7861 http://www.kaiga.co.jp
編集	株式会社アートボックス
装幀・デザイン	関口八重子
印刷/製本	大日本印刷株式会社

©2000 Osprey Publishing Limited
Printed in Japan
ISBN4-499-22798-4 C0076

Jagdgeschwader 2 'Richthofen'
John Weal

First published in Great Britain in 2000, by Osprey Publishing Ltd, Elms Court, Chapel Way, Botley, Oxford, OX2 9LP. All rights reserved. Japanese language translation ©2002 Dainippon Kaiga Co., Ltd.

ACKNOWLEDGEMENTS

The author would like to thank the following publishers and individuals for allowing access to their archives, and their generous help in providing information and photographs.
　In England—Aerospace Publishing Ltd., Chris Goss, Michael Payne, Dr Alfred Price, Jerry Scutts, Robert Simpson and W J A 'Tony' Wood.
　In Germany—Motorbuch Verlag, Wolfgang Fisher, Col Thomas C Fosnacht, Werner Kock, Genltn Bruno Maass (deceased), Walter Matthiesen, Holger Nauroth, Heinz J Nowarra (deceased) and Herbert Ringlstetter.